基 礎 数 学

式計算から微積の初歩まで

小澤 善隆 編集

永井　敦・藤田 育嗣・武村 一雄
執 筆

裳 華 房

Basic Mathematics

for

Calculus

by

Yoshitaka Ozawa
Atsushi Nagai
Yasutsugu Fujita
Kazuo Takemura

SHOKABO
TOKYO

序　文

　本書は，大学入学前に高校数学をあまり選択履修してこなかった，または一応学びはしたが理解に自信のない学生を対象とした，演習に重点をおいた基礎数学の教科書である．

　近年，大学を取り巻く環境はめまぐるしく変わりつつある．高等学校における生徒の学力低下が問題となる一方で，全入の時代と言われるように大学進学率が50％を超えている．その結果，大学入学時の学力に著しい差が生じ，大学教育の見直しが迫られるようになった．理工系学部においては，入学直後の数学教育の見直しは重要課題の1つであり，編著者の勤めている大学でも，高校で文系コースだった学生や数学を苦手とする学生に配慮した「基礎数学」の講義が10年ほど前から設置されている．本書は「基礎数学」で用いた講義ノートや演習プリントを加筆修正してまとめたものである．

　また，基本的な問題を中心として，各章ごとに例題や問題を豊富に取り揃えている．これらを解くことにより，微分積分の基礎となる知識の習得が確実になるようにしている．

　本書は，半期15回の講義に対応して，第0章から第14章の全15章から構成される．第0章から第5章までは，数と式の計算に始まり，累乗根や方程式を扱った．第6章から第11章では，微分積分において主な計算対象となる基本的な初等関数を扱った．特に，指数関数，対数関数，三角関数は高校で履修すべき内容であるにも関わらず学生の理解度が低い単元である．これらの関数の理解なくして大学数学の理解はあり得ないものと考える．第12章から第14章までは微分積分の導入部として，極限，および整式を中心とした微分，積分を概説した．

教科書として使う場合，第12章から第14章までは微分積分の講義と重なる部分でもあるため，第11章までを丁寧に講義し，余った時間を小テストなどに振り替えるという方法もあるだろう．

　項目を精選することで半期の講義時間内に一通り学べるように組み立ててあるが，限られた講義時間内に学生が全ての問題を自身で解くことは難しいと思われる．学生の皆さんには，講義後にもノートと鉛筆を用意して，一見簡単と思われる計算問題も自分の手で一通り解いてみることを勧めたい．全ての例題と問題を解くことで，微分積分をはじめとする大学数学の学習にスムーズに移行できるであろう．

　最後に本書を出版するにあたり，裳華房の細木周治氏には，数多くの貴重なご助言を頂きました．ここに厚く御礼申し上げます．

2011年2月

編者　小澤　善隆

■ 執筆担当一覧 ■

永井　敦　……………　第0章 ～ 第5章；付録
藤田 育嗣　……………　第6章 ～ 第10章
武村 一雄　……………　第11章 ～ 第14章

目　次

第0章　数と式の初等計算
　0.1　数の計算　……………………………………………………　1
　0.2　文字式の初等計算　…………………………………………　4

第1章　展開と因数分解
　1.1　分配法則と展開　……………………………………………　7
　1.2　2次式の展開と因数分解　…………………………………　8
　1.3　3次式の展開と因数分解　…………………………………　11
　1.4　分数式の計算　………………………………………………　12

第2章　根号を含む数と式の計算
　2.1　平方根の定義と計算　………………………………………　15
　2.2　累乗根　………………………………………………………　19
　2.3　根号を含む式の計算　………………………………………　21

第3章　1次方程式と1次不等式
　3.1　1次方程式　…………………………………………………　22
　3.2　連立方程式　…………………………………………………　24
　3.3　1次不等式　…………………………………………………　25

第4章 複素数と2次方程式

4.1 複素数 …………………………………………… 27
4.2 2次方程式 ………………………………………… 28

第5章 3次以上の方程式

5.1 整式の割り算 ……………………………………… 32
5.2 因数定理と3次以上の方程式 …………………… 34

第6章 1次関数

6.1 関数とグラフ ……………………………………… 36
6.2 1次関数のグラフ ………………………………… 38

第7章 2次関数

7.1 2次関数のグラフ ………………………………… 41
7.2 関数を利用した不等式の解法 …………………… 45
7.3 不等式の表す領域 ………………………………… 47

第8章 分数関数と無理関数

8.1 分数関数 …………………………………………… 51
8.2 無理関数 …………………………………………… 54
8.3 逆関数と合成関数 ………………………………… 55

第 9 章 指数関数

9.1 指数の拡張 …………………………………………… 59

9.2 指数関数のグラフ ……………………………………… 61

第 10 章 対数関数

10.1 対数 ……………………………………………… 63

10.2 対数関数のグラフ ……………………………………… 67

第 11 章 三角関数

11.1 三角比 …………………………………………… 68

11.2 弧度法 …………………………………………… 69

11.3 三角関数 ………………………………………… 71

11.4 三角関数のグラフ …………………………………… 74

11.5 三角関数を含む方程式 ………………………………… 77

11.6 加法定理とその応用 …………………………………… 78

11.7 三角関数の合成 ……………………………………… 82

第 12 章 関数の極限

12.1 収束・発散 ………………………………………… 83

第 13 章 微　分

13.1 微分係数 ………………………………………… 87

13.2 導関数の計算 ……………………………………… 89

13.3 合成関数の微分法 …………………………………… 92

13.4 関数の増減と極値 …………………………………… 92

第14章 積 分

14.1 不定積分 …………………………………… 94
14.2 定積分 …………………………………… 96

付録A 2次曲線

A1.1 楕円 …………………………………… 98
A1.2 双曲線 …………………………………… 99
A1.3 放物線 …………………………………… 100

問題の解答 …………………………………… 101
索 引 …………………………………… 117

第0章　数と式の初等計算

　本章では簡単な数と式の計算から始める．簡単な問題だからと侮ってはいけない．このような問題をミス無く計算できることが重要である．

0.1　数の計算

計算規則

- 計算順序の順位が同じものは左から計算する．
- 計算順序は　累乗　➡　$\times, \div$　➡　$+, -$　の順に行う．
- （　）や｛　｝などのかっこ内の計算を，内側のものから先に計算する．

例題 0.1　次の計算をせよ．

(1) $\dfrac{1}{8} \div \dfrac{2}{5} + \left(\dfrac{3}{4} + \dfrac{1}{6}\right) \times \dfrac{9}{11}$

(2) $5 \times 2^4 - 2 \times (-9) - 7 \times (-3)^2$

(3) $\{6 + (-9) - (-6)\} \div \{2 \times 0 - (-5)\}$

(4) $\dfrac{7}{5} - \dfrac{4}{15} \times \left(-\dfrac{9}{4}\right)$

(5) $-\dfrac{3}{2} \div (-3) + \left(-\dfrac{6}{25}\right) \times \dfrac{5}{3}$

(6) $\left(-\dfrac{3}{2}\right)^2 \times \left(-\dfrac{2}{5}\right)^4 \div \left(-\dfrac{3}{5}\right)^3$

【解答】　計算の規則に注意しながら丁寧に計算する．

(1) $\dfrac{1}{8} \div \dfrac{2}{5} + \left(\dfrac{3}{4} + \dfrac{1}{6}\right) \times \dfrac{9}{11} = \dfrac{1}{8} \times \dfrac{5}{2} + \dfrac{11}{12} \times \dfrac{9}{11} = \dfrac{5}{16} + \dfrac{3}{4} = \dfrac{17}{16}$

（2） $2^4 = 2 \times 2 \times 2 \times 2 = 16,\ (-3)^2 = -3 \times (-3) = 9$ より，
$$5 \times 2^4 - 2 \times (-9) - 7 \times (-3)^2 = 5 \times 16 + 18 - 7 \times 9 = 80 + 18 - 63 = 35$$

（3） $\{6 + (-9) - (-6)\} \div \{2 \times 0 - (-5)\} = (6 - 9 + 6) \div (0 + 5)$
$$= 3 \div 5 = \frac{3}{5}$$

（4） $\dfrac{7}{5} - \dfrac{4}{15} \times \left(-\dfrac{9}{4}\right) = \dfrac{7}{5} + \dfrac{4}{15} \times \dfrac{9}{4} = \dfrac{7}{5} + \dfrac{3}{5} = 2$

（5） $-\dfrac{3}{2} \div (-3) + \left(-\dfrac{6}{25}\right) \times \dfrac{5}{3} = \dfrac{3}{2} \times \dfrac{1}{3} - \dfrac{6}{25} \times \dfrac{5}{3} = \dfrac{1}{2} - \dfrac{2}{5} = \dfrac{1}{10}$

（6） $-$（マイナス符号）が $2 + 4 + 3 = 9$ 回（奇数回）掛けられている[1]ので，全体の符号は $-$ であることに注意する．
$$\left(-\dfrac{3}{2}\right)^2 \times \left(-\dfrac{2}{5}\right)^4 \div \left(-\dfrac{3}{5}\right)^3 = (-1)^9 \times \dfrac{3^2}{2^2} \times \dfrac{2^4}{5^4} \div \dfrac{3^3}{5^3} = -\dfrac{3^2}{2^2} \times \dfrac{2^4}{5^4} \times \dfrac{5^3}{3^3}$$
$$= -\dfrac{\cancel{3} \times 3}{\cancel{2} \times 2} \times \dfrac{\cancel{2} \times 2 \times 2 \times 2}{\cancel{5} \times \cancel{5} \times \cancel{5} \times 5} \times \dfrac{\cancel{5} \times \cancel{5} \times 5}{\cancel{3} \times \cancel{3} \times 3} = -\dfrac{2 \times 2}{3 \times 5} = -\dfrac{4}{15}$$

問題 0.1 次の計算をせよ．

（1） $100 - 12 \times 3 - 120 \div 5$

（2） $\dfrac{1}{2} + \dfrac{1}{6} + \dfrac{1}{12} + \dfrac{1}{20} + \dfrac{1}{30}$

（3） $8 - 5 \times (7 + (-4)) - (-3)^3$

（4） $\{-3^3 - (-3)^4\} \div (-18) - (-4)^2 - (-2)^3$

（5） $\dfrac{7}{10} \div \left(\dfrac{1}{3} + \dfrac{1}{4}\right) + \dfrac{6}{5} \times \left(-\dfrac{8}{9}\right)$

（6） $-\dfrac{3}{2} \times \left(-\dfrac{4}{9}\right) - \dfrac{7}{6} \div \left\{1 - \left(-\dfrac{2}{5}\right)\right\}$

例題 0.2 次の計算をせよ．

（1） $\dfrac{\dfrac{3}{4}}{\dfrac{7}{6}}$ 　　　（2） $\dfrac{\dfrac{1}{2} - \dfrac{4}{5}}{\dfrac{5}{6} - \dfrac{7}{8}}$ 　　　（3） $\dfrac{\dfrac{2}{5} - \dfrac{1}{4} \div \dfrac{1}{3}}{\dfrac{1}{5} + \dfrac{1}{2}}$

【解答】 分数の分子や分母がさらに分数の形になっている分数を**繁分数**という．繁分数の計算は次の 2 通りある．

---

[1] 符号については，割り算のものも掛け算として扱える．

0.1 数の計算

(ⅰ) 分数の定義 $\dfrac{A}{B} = A \div B$ に立ち戻って計算する．

(ⅱ) 分子と分母に同じ数を掛けて通常の分数の形にする．

(ⅰ) の解き方

(1) $\dfrac{\dfrac{3}{4}}{\dfrac{7}{6}} = \dfrac{3}{4} \div \dfrac{7}{6} = \dfrac{3}{4} \times \dfrac{6}{7} = \dfrac{9}{14}$

(2) $\dfrac{\dfrac{1}{2} - \dfrac{4}{5}}{\dfrac{5}{6} - \dfrac{7}{8}} = \left(\dfrac{1}{2} - \dfrac{4}{5}\right) \div \left(\dfrac{5}{6} - \dfrac{7}{8}\right) = -\dfrac{3}{10} \div \left(-\dfrac{1}{24}\right) = \dfrac{3}{10} \times 24 = \dfrac{36}{5}$

(3) $\dfrac{\dfrac{2}{5} - \dfrac{1}{4} \div \dfrac{1}{3}}{\dfrac{1}{5} + \dfrac{1}{2}} = \left(\dfrac{2}{5} - \dfrac{1}{4} \div \dfrac{1}{3}\right) \div \left(\dfrac{1}{5} + \dfrac{1}{2}\right) = -\dfrac{7}{20} \div \dfrac{7}{10} = -\dfrac{1}{2}$

(ⅱ) の解き方

(1) $\dfrac{\dfrac{3}{4}}{\dfrac{7}{6}} = \dfrac{\dfrac{3}{4} \times 12}{\dfrac{7}{6} \times 12} = \dfrac{9}{14}$

(2) $\dfrac{\dfrac{1}{2} - \dfrac{4}{5}}{\dfrac{5}{6} - \dfrac{7}{8}} = \dfrac{\left(\dfrac{1}{2} - \dfrac{4}{5}\right) \times 120}{\left(\dfrac{5}{6} - \dfrac{7}{8}\right) \times 120} = \dfrac{60 - 96}{100 - 105} = \dfrac{36}{5}$

(3) $\dfrac{\dfrac{2}{5} - \dfrac{1}{4} \div \dfrac{1}{3}}{\dfrac{1}{5} + \dfrac{1}{2}} = \dfrac{\dfrac{2}{5} - \dfrac{3}{4}}{\dfrac{1}{5} + \dfrac{1}{2}} = \dfrac{\left(\dfrac{2}{5} - \dfrac{3}{4}\right) \times 20}{\left(\dfrac{1}{5} + \dfrac{1}{2}\right) \times 20} = \dfrac{8 - 15}{4 + 10}$

$= -\dfrac{7}{14} = -\dfrac{1}{2}$

問題 0.2 次の計算をせよ．

(1) $\dfrac{\dfrac{1}{3} + \dfrac{1}{2}}{-\dfrac{2}{3} + \dfrac{1}{4}}$

(2) $\dfrac{\dfrac{3}{4} - \dfrac{1}{3} \div \dfrac{8}{9}}{\dfrac{7}{12} \times \dfrac{6}{35} + \dfrac{1}{5}}$

(3) $\dfrac{\dfrac{1}{3} - \left(\dfrac{1}{4} - \dfrac{1}{6}\right)}{\dfrac{4}{3} - 2 \times \dfrac{1}{12}}$

(4) $1 + \dfrac{1}{1 - \dfrac{1}{2 - \dfrac{1}{3}}}$

0.2 文字式の初等計算

a を次々に掛け合わせてできる，$a^1 = a$, $a^2 = a \times a$, $a^3 = a \times a \times a$, $\cdots$ を総称して，a の**累乗**という．正の整数 n に対して

$$a^n = \overbrace{a \times a \times \cdots \times a}^{a \text{ が } n \text{ 個}}$$

である．a^n において n を**指数**という．指数 n は負の数，有理数などにも拡張できるが，詳しくは第 9 章で述べる．

指数法則

（ⅰ）　$a^n a^m = a^{n+m}$, 　　$\dfrac{a^n}{a^m} = a^{n-m}$

（ⅱ）　$(a^n)^m = a^{nm}$

（ⅲ）　$(ab)^n = a^n b^n$, 　　$\left(\dfrac{a}{b}\right)^n = \dfrac{a^n}{b^n}$

指数法則がぴんとこない場合は具体例を計算すればよい．例えば $a^4 a^3$, $\dfrac{a^6}{a^3}$, $(a^2)^3$ はそれぞれ次のように計算できる．

$$a^4 a^3 = \overbrace{(a \times a \times a \times a)}^{a \text{ が } 4 \text{ 個}} \times \overbrace{(a \times a \times a)}^{a \text{ が } 3 \text{ 個}} = a^{4+3} = a^7$$

$$\frac{a^6}{a^3} = \frac{\overbrace{a \times a \times a \times a \times a \times a}^{a \text{ が } 6 \text{ 個}}}{\underbrace{a \times a \times a}_{a \text{ が } 3 \text{ 個}}} = a^{6-3} = a^3$$

$$(a^2)^3 = \overbrace{a^2 \times a^2 \times a^2}^{a^2 = a \times a \text{ が } 3 \text{ セット}} = (a \times a) \times (a \times a) \times (a \times a)$$
$$= a^{2 \times 3} = a^6$$

形式的に

(誤)：$a^4 a^3 = a^{4 \times 3} = a^{12}$, 　$\dfrac{a^6}{a^3} = a^{\frac{6}{3}} = a^2$, 　$(a^2)^3 = a^{2^3} = a^8$

といった間違いをしないように．

例題 0.3　次の文字式を計算せよ．

(1)　$2a^3 \times 6a^4 \div (4a^6)$
(2)　$32a^8 \div \{(2a)^2 \times 2a^2\}$

0.2 文字式の初等計算

（3） $(2a^3)^4 \times (3a^3)^2$
（4） $(-a)^3 \times (-a)^6 \div (-a)^7$
（5） $(2a^2b^3)^3 \div (4a^2b)^2$
（6） $\{(2x^4)^2\}^3$

【解答】（1） $2a^3 \times 6a^4 \div (4a^6) = (2 \times 6 \div 4)a^{3+4-6} = 3a^1 = 3a$

（2） $(2a)^2 (= 2a \times 2a = 4a^2)$ と $2a^2$ との違いに注意する．
$32a^8 \div \{(2a)^2 \times 2a^2\} = 32a^8 \div (4a^2 \times 2a^2) = 32a^8 \div (8a^4)$
$= (32 \div 8)a^{8-4} = 4a^4$

（3） $(2a^3)^4 \times (3a^3)^2 = 2^4(a^3)^4 \times 3^2(a^3)^2 = (16 \times 9)a^{12} \times a^6 = 144a^{18}$

（4） $-$ が $3+6+7 = 16$ 回掛けられているので全体は $+$
$(-a)^3 \times (-a)^6 \div (-a)^7 = a^3 \times a^6 \div a^7 = a^{3+6-7} = a^2$

（5） $(2a^2b^3)^3 \div (4a^2b)^2 = 2^3(a^2)^3(b^3)^3 \div \{4^2(a^2)^2b^2\}$
$= (8 \div 16)\{a^6b^9 \div (a^4b^2)\} = \dfrac{1}{2}a^2b^7$

（6） $\{(2x^4)^2\}^3 = \{2^2(x^4)^2\}^3 = (4x^8)^3 = 4^3(x^8)^3 = 64x^{24}$

問題 0.3 次の文字式を計算せよ．

（1） $x^3 \times x^4 \div x^2$
（2） $(t^5)^3 \div (t^4)^2$
（3） $(-2a)^3 \times (-3a^2)$
（4） $\dfrac{2}{3}a^3 \times 6a^4 \div (8a^2)$
（5） $(p^2q^3)^3 \times (p^2q)^2$
（6） $(-a^2b^3)^5 \div (-ab^2)^6$
（7） $\left(\dfrac{1}{3}ab^3c^2\right)^4 \div \left(\dfrac{1}{6}ab^2c\right)^3$
（8） $\{x^2(y^2z)^3\}^2$

例題 0.4 次の文字式を計算せよ．

（1） $2(x^2+3x-1) + 3(x^2-2x+2)$
（2） $2(x^2+3x-1) - 3(x^2-2x+2)$
（3） $-2(-x^2+3x-1) - 3(x^2-2x+2)$
（4） $\dfrac{x^2+3x-1}{4} + \dfrac{x^2-2x+2}{3}$
（5） $\dfrac{x^2+3x-1}{4} - \dfrac{x^2-2x+2}{3}$
（6） $\dfrac{x^2+3x-1}{6} - \dfrac{-x^2+x+3}{2}$

【解答】符号の取り扱いに注意する．

(1) $2(x^2+3x-1)+3(x^2-2x+2) = 2x^2+6x-2+3x^2-6x+6$
$= 5x^2+4$

(2) $2(x^2+3x-1)-3(x^2-2x+2) = 2x^2+6x-2-3x^2+6x-6$
$= -x^2+12x-8$

(3) $-2(-x^2+3x-1)-3(x^2-2x+2) = 2x^2-6x+2-3x^2+6x-6$
$= -x^2-4$

(4) $\dfrac{x^2+3x-1}{4}+\dfrac{x^2-2x+2}{3} = \dfrac{3(x^2+3x-1)+4(x^2-2x+2)}{12}$
$= \dfrac{7x^2+x+5}{12}$

(5) $\dfrac{x^2+3x-1}{4}-\dfrac{x^2-2x+2}{3} = \dfrac{3(x^2+3x-1)-4(x^2-2x+2)}{12}$
$= \dfrac{-x^2+17x-11}{12}$

(6) $\dfrac{x^2+3x-1}{6}-\dfrac{-x^2+x+3}{2} = \dfrac{x^2+3x-1-3(-x^2+x+3)}{6}$
$= \dfrac{4x^2-10}{6} = \dfrac{2(2x^2-5)}{6} = \dfrac{2x^2-5}{3}$

【コメント】 分数の文字式では，最終形は x のべきごとにまとめてあればよい．例えば，(4) の場合，$\dfrac{7}{12}x^2+\dfrac{1}{12}x+\dfrac{5}{12}$ のように表示してもよい． ■

> （ⅰ） 分数を含む文字式を通分するときは，分子にかっこをつけるのを忘れないようにする．
>
> （ⅱ） 分数の文字式の約分は，部分的に約分するのではなく，全体を同じ数で約分すること．次のようなミスをしばしば目にする．
>
> （誤）：$\dfrac{{}^2 4x^2-10}{{}_3 6} = \dfrac{2x^2-10}{3}$ （正）：$\dfrac{{}^2 4x^2-{}^5 10}{{}_3 6} = \dfrac{2x^2-5}{3}$

問題 0.4 次の文字式を計算せよ．

(1) $2(x-3y+3)-5(x-2y+2)$

(2) $2(t^2-t)+3(t^2-1)-4(-2t^2-2t+1)$

(3) $\dfrac{x^2+3x-1}{6}-\dfrac{-x^2+x+3}{2}$ 　　(4) $\dfrac{2p+q}{15}-\dfrac{3p-q}{5}-\dfrac{-p+4q}{3}$

第1章　展開と因数分解

　文字や定数に，＋，−，×を数回組み合わせてできる式を整式と呼ぶ．本章では整式の展開と因数分解，およびその応用として分数式の計算について述べる．

1.1　分配法則と展開

　整式の掛け算においては，次の**分配法則**が重要である．
$$A(B+C) = AB + AC, \quad (A+B)C = AC + BC$$
整式の積を分配法則を用いて，単項式の和の形にすることを**展開**するという．

例題1.1　次の式を展開せよ．
- （1）　$-2x(3x - 5y + z)$
- （2）　$(x-5)(3x+2)$
- （3）　$(x+5y)(2x-y)$
- （4）　$(x+1)(x+2)(x+3)$

【解答】　分配法則を駆使する．

(1) $-2x(3x - 5y + z) = -2x \times 3x - (-2x) \times (5y) + (-2x) \times z$
$= -6x^2 + 10xy - 2xz$

(2) $(x-5)(3x+2) = x(3x+2) - 5(3x+2) = 3x^2 + 2x - 15x - 10$
$= 3x^2 - 13x - 10$

(3) $(x+5y)(2x-y) = x(2x-y) + 5y(2x-y)$
$= 2x^2 - xy + 10xy - 5y^2 = 2x^2 + 9xy - 5y^2$

(4) $(x+1)(x+2)(x+3) = \{x(x+2) + (x+2)\}(x+3)$
$= (x^2 + 3x + 2)(x+3) = x^2(x+3) + 3x(x+3) + 2(x+3)$
$= x^3 + 3x^2 + 3x^2 + 9x + 2x + 6 = x^3 + 6x^2 + 11x + 6$

問題 1.1 次の式を展開せよ．

（1） $-3a^2(a^2 - 2ab - 2b^2)$ （2） $(x^2 + 1)(x + 1)$

（3） $(2x + 3y)(3x - 2y)$ （4） $(a - 1)(a + 1)(a + 3)$

1.2　2次式の展開と因数分解

公式
- （i）$(x + y)^2 = x^2 + 2xy + y^2$
- （ii）$(x - y)^2 = x^2 - 2xy + y^2$
- （iii）$(x + y)(x - y) = x^2 - y^2$
- （iv）$(x + a)(x + b) = x^2 + (a + b)x + ab$
- （v）$(ax + b)(cx + d) = acx^2 + (ad + bc)x + bd$
- （vi）$(x + y + z)^2 = x^2 + y^2 + z^2 + 2xy + 2yz + 2zx$

すべての公式は分配法則から導出される．例えば（v）は次の通りである．

$$(ax + b)(cx + d) = ax(cx + d) + b(cx + d)$$
$$= acx^2 + adx + bcx + bd$$
$$= acx^2 + (ad + bc)x + bd$$

左辺 → 右辺（展開），左辺 ← 右辺（**因数分解**）とも使いこなせるようにされたい．

例題 1.2 次の式を展開せよ．

（1） $(2x + 3y)^2$ （2） $(3x - y)^2$

（3） $(4a + 5b)(4a - 5b)$ （4） $(x + 4)(x - 5)$

（5） $\left(x + \dfrac{1}{2}\right)\left(x + \dfrac{2}{5}\right)$ （6） $(3x + 2)(3x - 5)$

（7） $(2x + 3)(4x - 5)$ （8） $(x - y + 2z)^2$

【解答】（1） $(2x + 3y)^2 = (2x)^2 + 2(2x)(3y) + (3y)^2 = 4x^2 + 12xy + 9y^2$

（2） $(3x - y)^2 = (3x)^2 - 2(3x)y + y^2 = 9x^2 - 6xy + y^2$

（3） $(4a + 5b)(4a - 5b) = (4a)^2 - (5b)^2 = 16a^2 - 25b^2$

(4) $(x+4)(x-5) = x^2 + (4+(-5))x + 4\times(-5) = x^2 - x - 20$

(5) $\left(x+\dfrac{1}{2}\right)\left(x+\dfrac{2}{5}\right) = x^2 + \left(\dfrac{1}{2}+\dfrac{2}{5}\right)x + \dfrac{1}{2}\cdot\dfrac{2}{5} = x^2 + \dfrac{9}{10}x + \dfrac{1}{5}$

(6) $(3x+2)(3x-5) = (3x)^2 + (2+(-5))(3x) + 2\times(-5)$
$= 9x^2 - 9x - 10$

(7) $(2x+3)(4x-5) = (2\times 4)x^2 + (2\times(-5) + 3\times 4)x + 3\times(-5)$
$= 8x^2 + 2x - 15$

(8) $(x-y+2z)^2 = (x+(-y)+2z)^2$
$= x^2 + (-y)^2 + (2z)^2 + 2x(-y) + 2(-y)(2z) + 2(2z)x$
$= x^2 + y^2 + 4z^2 - 2xy - 4yz + 4zx$

問題 1.2 次の式を展開せよ．

(1) $\left(a+\dfrac{1}{a}\right)^2$ (2) $(x+3y)(x-3y)$

(3) $(t+4)(t-9)$ (4) $(2x+3)(3x-4)$

(5) $\left(x+\dfrac{5}{6}\right)\left(x-\dfrac{4}{3}\right)$ (6) $(x+y-z)(x-y+z)$

例題 1.3 次の式を因数分解せよ．

(1) $12x^3y + 8x^2y^2$ (2) $12a^2b + 9ab^2 - 6ab$

(3) $9x^2 + 30xy + 25y^2$ (4) $4a^2 - 28ab + 49b^2$

(5) $p^2 - 36$ (6) $49a^2 - 64b^2$

(7) $x^2 + 7x + 12$ (8) $t^2 - 2t - 15$

【ヒント】(1), (2) は分配法則により共通因数をくくり出す．(3)〜(8) は本節冒頭の公式を用いる．

【解答】(1) $12x^3y + 8x^2y^2 = 4x^2y(3x+2y)$

(2) $12a^2b + 9ab^2 - 6ab = 3ab(4a+3b-2)$

(3) $9x^2 + 30xy + 25y^2 = (3x)^2 + 2(3x)(5y) + (5y)^2 = (3x+5y)^2$

(4) $4a^2 - 28ab + 49b^2 = (2a)^2 - 2(2a)(7b) + (7b)^2 = (2a-7b)^2$

(5), (6) は「(2乗) − (2乗)」の形をしており，公式 (iii) が利用できる[1]．

---

1) 例題の解答には，解き方や使う公式の番号などの**ヒント**を設けているが，試験などの解答においては書き示す必要はない．式の変形が正しく行われていれば良い（公式の番号や定理の番号などは，本書限定のものである）．

(5) $p^2 - 36 = p^2 - 6^2 = (p+6)(p-6)$

(6) $49a^2 - 64b^2 = (7a)^2 - (8b)^2 = (7a+8b)(7a-8b)$

(7) 和が 7, 積が 12 になる 2 つの数を探すと, 3 と 4 より,
$$x^2 + 7x + 12 = (x+3)(x+4)$$

(8) 和が -2, 積が -15 になる 2 つの数を探すと, 3 と -5 より,
$$t^2 - 2t - 15 = (t+3)(t-5)$$

例題 1.4 次の式を因数分解せよ.

(1) $3x^2 + 10x + 8$ (2) $5x^2 + 4x - 9$

(3) $6x^2 - 35x - 6$ (4) $6x^2 - 13x + 6$

【解答】 公式 (v): $acx^2 + (ad+bc)x + bd = (ax+b)(cx+d)$ を利用する.

(1) 上の公式で $ac = 3$, $ad+bc = 10$, $bd = 8$ となる a, b, c, d を見つければよい. はじめに $ac = 3$ より $a = 1$, $c = 3$ として, $bd = 8$ なる (b, d) の候補は次の 8 通り.

$$(b, d) = (\pm 1, \pm 8), (\pm 2, \pm 4), (\pm 4, \pm 2), (\pm 8, \pm 1) \quad (\text{複号同順})$$

これらの候補から $ad+bc = 10$ となる (b, d) を下の図式で計算する.

```
a  ╲╱  b  →  bc
c  ╱╲  d  →  ad
―――――――――――――
ac    bd    ad + bc
```

```
1 ╲╱ 1 → 3     1 ╲╱ 2 → 6     1 ╲╱ 4 → 12    1 ╲╱ 8 → 24
3 ╱╲ 8 → 8     3 ╱╲ 4 → 4     3 ╱╲ 2 → 2     3 ╱╲ 1 → 1
――――――――――     ――――――――――    ―――――――――――    ―――――――――――
3   8   11     3   8   10     3   8   14     3   8   25
```

適するのは左から 2 番目, つまり $(b, d) = (2, 4)$ の場合である. したがって
$$3x^2 + 10x + 8 = (x+2)(3x+4)$$

上の図式を利用した因数分解は「**たすきがけ**」と呼ばれることがある.

(2) $a = 1$, $c = 5$ として, たすきがけにより因数分解すると,

```
1 ╲╱ -1 → -5
5 ╱╲  9 →  9
――――――――――――
5   -9    4
```

∴ $5x^2 + 4x - 9 = (x-1)(5x+9)$ [2]

---

2) 記号「∴」は「ゆえに」,「∵」は「なぜならば」を意味する.

(3), (4) の場合は, $ac = 6$ より, $(a, c) = (1, 6)$ と $(a, c) = (2, 3)$ の 2 通りの組み合わせが考えられる. この場合は 2 通りとも たすきがけを行い, うまくいく組み合わせを探す. 当然試行錯誤の回数が増えて若干面倒になる.

(3) $(a, c) = (1, 6)$ として, $6x^2 - 35x - 6 = (x - 6)(6x + 1)$
(4) $(a, c) = (2, 3)$ として, $6x^2 - 13x + 6 = (2x - 3)(3x - 2)$

$$
(3): \begin{array}{ccc} 1 & -6 & \to -36 \\ 6 & 1 & \to 1 \\ \hline 6 & -6 & -35 \end{array}
\qquad
(4): \begin{array}{ccc} 2 & -3 & \to -9 \\ 3 & -2 & \to -4 \\ \hline 6 & 6 & -13 \end{array}
$$

問題1.3 次の式を因数分解せよ.

(1) $a^3b^3c + a^2b^4c^2 + a^2b^4c^3$ (2) $25a^2 - 20ab + 4b^2$
(3) $(2x + y)^2 - (x + 5y)^2$ (4) $x^2 + 9x - 36$
(5) $a^2 + 15a + 44$ (6) $t^2 - 19t + 48$
(7) $2x^2 - 22x + 60$ (8) $3x^2 + x - 14$
(9) $12x^2 - 25x + 12$ (10) $12x^2 - 8x - 15$

1.3 3次式の展開と因数分解

公式

(i) $\begin{cases} (x + y)^3 = x^3 + 3x^2y + 3xy^2 + y^3 \\ (x - y)^3 = x^3 - 3x^2y + 3xy^2 - y^3 \end{cases}$

(ii) $\begin{cases} (x + y)(x^2 - xy + y^2) = x^3 + y^3 \\ (x - y)(x^2 + xy + y^2) = x^3 - y^3 \end{cases}$

例題1.5 次の式を展開せよ.

(1) $(a + 4b)^3$ (2) $(2x - 3y)(4x^2 + 6xy + 9y^2)$

【解答】 (1) $(a + 4b)^3 = a^3 + 3a^2(4b) + 3a(4b)^2 + (4b)^3$
$= a^3 + 12a^2b + 48ab^2 + 64b^3$

(2) $(2x - 3y)(4x^2 + 6xy + 9y^2) = (2x)^3 - (3y)^3 = 8x^3 - 27y^3$

例題 1.6 次の式を因数分解せよ．

（1） $a^3 + 6a^2 + 12a + 8$ （2） $x^3 - 343y^3$

（3） $8x^3 + 125y^3$ （4） $24p^3 - 81q^3$

【解答】 3 乗の和と差は公式 (ii) を右から左に適用する．

（1） $a^3 + 6a^2 + 12a + 8 = a^3 + 3a^2 \cdot 2 + 3a \cdot 2^2 + 2^3 = (a+2)^3$

（2） $x^3 - 343y^3 = x^3 - (7y)^3 = (x-7y)(x^2 + x(7y) + (7y)^2)$
$= (x - 7y)(x^2 + 7xy + 49y^2)$

（3） $8x^3 + 125y^3 = (2x)^3 + (5y)^3 = (2x+5y)((2x)^2 - (2x)(5y) + (5y)^2)$
$= (2x+5y)(4x^2 - 10xy + 25y^2)$

（4） 最初に共通因数 3 でくくる．
$24p^3 - 81q^3 = 3(8p^3 - 27q^3) = 3((2p)^3 - (3q)^3)$
$= 3(2p - 3q)((2p)^2 + (2p)(3q) + (3q)^2)$
$= 3(2p - 3q)(4p^2 + 6pq + 9q^2)$

問題 1.4 次の式を展開せよ．

（1） $(2a - 3b)^3$ （2） $(x+5)(x^2 - 5x + 25)$

問題 1.5 次の式を因数分解せよ．

（1） $27a^3 - 27a^2 + 9a - 1$ （2） $125x^3 - 64$

（3） $(2x+5)^3 + (x+1)^3$ （4） $x^3 + 3x^2y + 3xy^2 + y^3 - 1$

1.4 分数式の計算

A が整式で，B が定数でない整式のとき，$\dfrac{A}{B}$ の形の式を**分数式**という．

例題 1.7 次の分数式を簡単にせよ．

（1） $\dfrac{b^3 c^4}{(ab^2 c)^2}$ （2） $\dfrac{x^2 + 7x + 6}{x^3 - 4x^2 - 5x}$

（3） $\dfrac{x+y}{x-y} \times \dfrac{xy^2 - x^2 y}{x^3 + y^3}$ （4） $\dfrac{x^2 + x - 2}{x^2 - 9} \div \dfrac{x^2 + 4x + 4}{x^2 + 3x}$

【解答】 因数分解を利用して，共通因数を約分する．

（1） $\dfrac{b^3 c^4}{(ab^2 c)^2} = \dfrac{b^3 c^4}{a^2 b^4 c^2} = \dfrac{c^2}{a^2 b}$

1.4 分数式の計算

(2) $\dfrac{x^2+7x+6}{x^3-4x^2-5x} = \dfrac{(x+1)(x+6)}{x(x+1)(x-5)} = \dfrac{x+6}{x(x-5)}$

(3) $\dfrac{x+y}{x-y} \times \dfrac{xy^2-x^2y}{x^3+y^3} = \dfrac{x+y}{x-y} \times \dfrac{xy(y-x)}{(x+y)(x^2-xy+y^2)}$

$= \dfrac{x+y}{x-y} \times \dfrac{-xy(x-y)}{(x+y)(x^2-xy+y^2)} = -\dfrac{xy}{x^2-xy+y^2}$

(4) $\dfrac{x^2+x-2}{x^2-9} \div \dfrac{x^2+4x+4}{x^2+3x} = \dfrac{x^2+x-2}{x^2-9} \times \dfrac{x^2+3x}{x^2+4x+4}$

$= \dfrac{(x-1)(x+2)}{(x+3)(x-3)} \times \dfrac{x(x+3)}{(x+2)^2} = \dfrac{x(x-1)}{(x-3)(x+2)}$

【コメント】 (2), (4) はそれぞれ $\dfrac{x+6}{x^2-5x}$, $\dfrac{x^2-x}{x^2-x-6}$ のように展開した形で答えてもよい. 以下の例題 1.8, 問題 1.6 も同様である. ■

例題 1.8 次の分数式を簡単にせよ.

(1) $\dfrac{3}{x+2} - \dfrac{2}{x-1}$ 　　　(2) $\dfrac{4}{x^2-2x-3} - \dfrac{3}{x^2-3x}$

(3) $\dfrac{1}{x+a} - \dfrac{1}{x-a} + \dfrac{2a}{x^2+a^2}$ 　(4) $\dfrac{1+\dfrac{3}{x-2}}{2-\dfrac{1}{x+3}}$

【解答】 分数式の加減は数同様, 各分母の最小公倍数を分母にして通分する.

(1) $\dfrac{3}{x+2} - \dfrac{2}{x-1} = \dfrac{3(x-1)-2(x+2)}{(x+2)(x-1)} = \dfrac{x-7}{(x+2)(x-1)}$

(2) 分母を因数分解して最小公倍数を求めると $x(x-3)(x+1)$ なので

$\dfrac{4}{x^2-2x-3} - \dfrac{3}{x^2-3x} = \dfrac{4}{(x-3)(x+1)} - \dfrac{3}{x(x-3)}$

$= \dfrac{4x-3(x+1)}{x(x-3)(x+1)} = \dfrac{x-3}{x(x-3)(x+1)} = \dfrac{1}{x(x+1)}$

(3) 前から順に計算する.

$\dfrac{1}{x+a} - \dfrac{1}{x-a} + \dfrac{2a}{x^2+a^2} = \dfrac{(x-a)-(x+a)}{(x+a)(x-a)} + \dfrac{2a}{x^2+a^2}$

$= -\dfrac{2a}{(x+a)(x-a)} + \dfrac{2a}{x^2+a^2} = \dfrac{-2a(x^2+a^2)+2a(x+a)(x-a)}{(x-a)(x+a)(x^2+a^2)}$

$= -\dfrac{4a^3}{(x-a)(x+a)(x^2+a^2)}$

(4) 繁分数式は分数の定義式 $\dfrac{A}{B} = A \div B$ に立ち戻る.

$$\frac{1+\dfrac{3}{x-2}}{2-\dfrac{1}{x+3}} = \left(1+\frac{3}{x-2}\right) \div \left(2-\frac{1}{x+3}\right)$$

$$= \frac{x-2+3}{x-2} \div \frac{2(x+3)-1}{x+3} = \frac{x+1}{x-2} \div \frac{2x+5}{x+3}$$

$$= \frac{x+1}{x-2} \times \frac{x+3}{2x+5} = \frac{(x+1)(x+3)}{(x-2)(2x+5)}$$

前の例題 1.8 (1) の逆計算，すなわち

$$\frac{x-7}{(x+2)(x-1)} = \frac{3}{x+2} - \frac{2}{x-1}$$

の形に分けることを**部分分数分解**という．部分分数分解は分数式の積分に欠かせない道具であるので慣れておきたい．

例 1.1 $\dfrac{2x+9}{(x-3)(x+2)} = \dfrac{a}{x-3} + \dfrac{b}{x+2}$ となる定数 a, b の値を求めてみよう．

両辺に $(x-3)(x+2)$ を掛ける（分母を払う）と，
$$2x+9 = a(x+2) + b(x-3) = (a+b)x + 2a - 3b$$

両辺の係数を比較して，$\begin{cases} a+b=2 \\ 2a-3b=9 \end{cases}$ これを解いて $a=3, b=-1$．■

問題 1.6 次の分数式を簡単にせよ．

(1) $\dfrac{x^2-3x-4}{x^2-x} \times \dfrac{x-1}{x^2-16}$

(2) $\dfrac{x^2+9x+20}{x^2+5x-14} \div \dfrac{x^2-16}{x^2-4x+4}$

(3) $\dfrac{x^3}{x-3} - \dfrac{27}{x-3}$

(4) $\dfrac{1}{x^2-x} + \dfrac{1}{x^2+x} + \dfrac{1}{x^2+3x+2}$

(5) $\dfrac{1+\dfrac{1}{x}+\dfrac{1}{x^2}}{x-\dfrac{1}{x^2}}$

(6) $\dfrac{\dfrac{2}{x+3}-\dfrac{1}{x+1}}{\dfrac{5}{x+4}-\dfrac{2}{x+1}}$

第2章　根号を含む数と式の計算

　本章では，平方根をはじめとする累乗根を含む数および式(無理式)の計算について述べる．

2.1 平方根の定義と計算

　2乗すると a になる数を a の**平方根**という．$a > 0$ のとき a の平方根は正と負の2つがあり，正の方を $\sqrt{a}$ (「ルート a」と読む)，負の方を $-\sqrt{a}$ で表す．正負の平方根 $\sqrt{a}, -\sqrt{a}$ をまとめて $\pm\sqrt{a}$ とかくことがある．また，0の平方根は0だけであり，$\sqrt{0} = 0$ と定める．記号 $\sqrt{}$ を**根号**という．

例 2.1 25の平方根は ± 5 で，$\sqrt{25} = 5$．($\sqrt{25} = \pm 5$ ではないので注意!!)　　■

　$\sqrt{a}$ と $\sqrt{a^2}$ について次が成り立つ．

平方根の性質

- $a \geqq 0$ のとき，　$(\sqrt{a})^2 = (-\sqrt{a})^2 = a$,　$\sqrt{a} \geqq 0$

- 実数 a について，　$\sqrt{a^2} = |a| = \begin{cases} a & (a \geqq 0) \\ -a & (a < 0) \end{cases}$

　$|a|$ は，数直線上で a に対応する点と原点(0に対応する点)との距離を表し，a の**絶対値**と呼ぶ．

絶対値 (左：$a > 0$,　右：$a < 0$)

第 2 章　根号を含む数と式の計算

例題 2.1　次の値を求めよ．

（1）36 の平方根　　（2）7 の平方根　　（3）$\sqrt{256}$

（4）$(\sqrt{2010})^2$　　（5）$\sqrt{(-14)^2}$　　（6）$\sqrt{(-3+\sqrt{5})^2}$

（7）$\sqrt{5^6}$　　　　　（8）$\sqrt{(-7)^4}$

【解答】（1）〜（3）は「…の平方根を求めよ」と「$\sqrt{\cdots}$ を求めよ」という問題の違いに注意する．前者は正負 2 つの値が出るのに対して，後者は正の数に限る．

（1）± 6　　（2）$\pm\sqrt{7}$　　（3）$\sqrt{256} = 16$

（4）$(\sqrt{2010})^2 = 2010$

（5）$\sqrt{(-14)^2} = |-14| = 14$

（6）$-3+\sqrt{5} < -3+\sqrt{(2.3)^2} < 0$ に注意して，
$$\sqrt{(-3+\sqrt{5})^2} = |-3+\sqrt{5}| = -(-3+\sqrt{5}) = 3-\sqrt{5}$$

（7）指数法則より $5^6 = (5^3)^2$ なので，$\sqrt{5^6} = 5^3 = 125$

（8）$(-7)^4 = 7^4 = (7^2)^2$ なので，$\sqrt{(-7)^4} = 7^2 = 49$

問題 2.1　次の値を求めよ．

（1）144 の平方根　　（2）$\sqrt{169}$　　（3）$\sqrt{(5-2\sqrt{3})^2}$

（4）$\sqrt{(3-\sqrt{3}-\sqrt{2})^2}$　　（5）$\sqrt{2^{14}}$　　（6）$\sqrt{\sqrt{3^{16}}}$

平方根の計算規則

$a, b, k > 0$ のとき，次が成り立つ．

（i）$\sqrt{a}\sqrt{b} = \sqrt{ab}$　　（ii）$\dfrac{\sqrt{a}}{\sqrt{b}} = \sqrt{\dfrac{a}{b}}$　　（iii）$\sqrt{k^2 a} = k\sqrt{a}$

例題 2.2　次の式を計算せよ．

（1）$\sqrt{14}\sqrt{21}$　　　　　　　　　（2）$\dfrac{\sqrt{450}}{\sqrt{5}}$

（3）$5\sqrt{2} + 4\sqrt{3} - \sqrt{2} - 7\sqrt{3}$

（4）$3(5\sqrt{3} - 3\sqrt{7}) - 2(7\sqrt{3} - 5\sqrt{7})$

（5）$\sqrt{32} + \sqrt{50} - \sqrt{98}$　　（6）$(\sqrt{6} + 2\sqrt{3})^2$

（7）$(\sqrt{5} - 2\sqrt{3})(3\sqrt{5} + \sqrt{3})$　　（8）$(\sqrt{2} + \sqrt{3})^3$

2.1 平方根の定義と計算

【解答】 (1) $\sqrt{14}\sqrt{21} = \sqrt{14 \times 21} = \sqrt{2 \times 3 \times 7^2} = 7\sqrt{6}$

(2) $\dfrac{\sqrt{450}}{\sqrt{5}} = \sqrt{\dfrac{450}{5}} = \sqrt{90} = \sqrt{3^2 \times 10} = 3\sqrt{10}$

(3) $5\sqrt{2} + 4\sqrt{3} - \sqrt{2} - 7\sqrt{3} = (5-1)\sqrt{2} + (4-7)\sqrt{3} = 4\sqrt{2} - 3\sqrt{3}$

(4) $3(5\sqrt{3} - 3\sqrt{7}) - 2(7\sqrt{3} - 5\sqrt{7}) = 15\sqrt{3} - 9\sqrt{7} - 14\sqrt{3} + 10\sqrt{7}$
$= (15-14)\sqrt{3} + (-9+10)\sqrt{7} = \sqrt{3} + \sqrt{7}$

(5) $\sqrt{32} + \sqrt{50} - \sqrt{98} = 4\sqrt{2} + 5\sqrt{2} - 7\sqrt{2} = (4+5-7)\sqrt{2} = 2\sqrt{2}$

(6) $(\sqrt{6} + 2\sqrt{3})^2 = (\sqrt{6})^2 + (2\sqrt{3})^2 + 2 \times \sqrt{6} \times 2\sqrt{3}$
$= 6 + 12 + 4\sqrt{3^2 \times 2} = 18 + 12\sqrt{2}$

(7) $(\sqrt{5} - 2\sqrt{3})(3\sqrt{5} + \sqrt{3})$
$= 3\sqrt{5}^2 + \sqrt{5}\sqrt{3} - 2\sqrt{3}(3\sqrt{5}) - 2\sqrt{3}^2 = 9 - 5\sqrt{15}$

(8) $(\sqrt{2} + \sqrt{3})^3 = (\sqrt{2})^3 + 3(\sqrt{2})^2\sqrt{3} + 3\sqrt{2}(\sqrt{3})^2 + (\sqrt{3})^3$
$= 2\sqrt{2} + 6\sqrt{3} + 9\sqrt{2} + 3\sqrt{3} = 11\sqrt{2} + 9\sqrt{3}$

根号内の数が異なれば，通常 1 つにまとめることはできない．例えば (4) で次のような計算をしてはいけない．

(誤)： $\sqrt{3} + \sqrt{7} = \sqrt{3+7} = \sqrt{10}$

問題 2.2 次の式を計算せよ．
(1) $3\sqrt{28} + \sqrt{63} - 2\sqrt{175}$ （2） $(\sqrt{5} - \sqrt{2})^2$
(3) $(3 + 2\sqrt{2})(3 - 2\sqrt{2})$ （4） $(\sqrt{6} + \sqrt{2} + 1)(\sqrt{6} - \sqrt{2} - 1)$
(5) $(\sqrt{14} + \sqrt{2})(3\sqrt{14} - 4\sqrt{2})$ （6） $(\sqrt{2} - 1)^3$

分母に根号を含む式を，分母に根号を含まない式に変形することを分母の**有理化**という．

例題 2.3 次の式の分母を有理化せよ．
(1) $\dfrac{4}{\sqrt{2}}$ （2） $\dfrac{\sqrt{6}}{2 + \sqrt{3}}$ （3） $\dfrac{2\sqrt{7} + \sqrt{5}}{\sqrt{7} - \sqrt{5}}$
(4) $\dfrac{\sqrt{2} + \sqrt{3}}{\sqrt{2} - \sqrt{3}}$ （5） $\dfrac{1}{2 + \sqrt{3} + \sqrt{7}}$

【解答】 (2) 〜 (4) は分母の有理化を行う際，$(\sqrt{a}+\sqrt{b})(\sqrt{a}-\sqrt{b}) = a-b$ を利用する．(5) は 2 段階に分けて有理化を行う．

(1) $\dfrac{4}{\sqrt{2}} = \dfrac{4\sqrt{2}}{(\sqrt{2})^2} = \dfrac{4\sqrt{2}}{2} = 2\sqrt{2}$

(2) $\dfrac{\sqrt{6}}{2+\sqrt{3}} = \dfrac{\sqrt{6}(2-\sqrt{3})}{(2+\sqrt{3})(2-\sqrt{3})} = \dfrac{2\sqrt{6}-\sqrt{18}}{4-3} = 2\sqrt{6}-3\sqrt{2}$

(3) $\dfrac{2\sqrt{7}+\sqrt{5}}{\sqrt{7}-\sqrt{5}} = \dfrac{(2\sqrt{7}+\sqrt{5})(\sqrt{7}+\sqrt{5})}{(\sqrt{7}-\sqrt{5})(\sqrt{7}+\sqrt{5})} = \dfrac{14+2\sqrt{35}+\sqrt{35}+5}{7-5}$

$= \dfrac{19+3\sqrt{35}}{2}$

(4) $\dfrac{\sqrt{2}+\sqrt{3}}{\sqrt{2}-\sqrt{3}} = \dfrac{(\sqrt{2}+\sqrt{3})^2}{(\sqrt{2}-\sqrt{3})(\sqrt{2}+\sqrt{3})} = \dfrac{2+3+2\sqrt{6}}{2-3}$

$= -5-2\sqrt{6}$

(5) $\dfrac{1}{2+\sqrt{3}+\sqrt{7}} = \dfrac{2+\sqrt{3}-\sqrt{7}}{(2+\sqrt{3}+\sqrt{7})(2+\sqrt{3}-\sqrt{7})}$

$= \dfrac{2+\sqrt{3}-\sqrt{7}}{(2+\sqrt{3})^2-(\sqrt{7})^2} = \dfrac{2+\sqrt{3}-\sqrt{7}}{4+3+4\sqrt{3}-7}$

$= \dfrac{2+\sqrt{3}-\sqrt{7}}{4\sqrt{3}} = \dfrac{(2+\sqrt{3}-\sqrt{7})\sqrt{3}}{4\sqrt{3}\times\sqrt{3}} = \dfrac{3+2\sqrt{3}-\sqrt{21}}{12}$

問題 2.3 次の式の分母を有理化せよ．

(1) $\dfrac{1}{\sqrt{3}-\sqrt{2}}$ (2) $\dfrac{\sqrt{2}}{\sqrt{7}+\sqrt{5}}$ (3) $\dfrac{1}{1+\sqrt{2}+\sqrt{3}}$

根号の中にもう 1 つ根号を含んだ形を **2 重根号** という．

(i) $a, b > 0$ のとき $\quad \sqrt{a+b+2\sqrt{ab}} = \sqrt{a}+\sqrt{b}$

(ii) $a > b > 0$ のとき $\quad \sqrt{a+b-2\sqrt{ab}} = \sqrt{a}-\sqrt{b}$

例題 2.4 次の 2 重根号を外せ．

(1) $\sqrt{7+2\sqrt{6}}$ (2) $\sqrt{8-2\sqrt{15}}$

(3) $\sqrt{11-4\sqrt{6}}$ (4) $\sqrt{5+\sqrt{21}}$

【解答】 $\sqrt{p+2\sqrt{q}}$ の形の 2 重根号を外すには，「たして p，掛けて q」になる 2 つの数を見つければよい．見かけは違うがやっていることは x^2+px+q の因数分解と同じである．

(1) $\sqrt{7+2\sqrt{6}} = \sqrt{1+6+2\sqrt{1\times 6}} = \sqrt{1}+\sqrt{6} = 1+\sqrt{6}$

(2) $\sqrt{8-2\sqrt{15}} = \sqrt{5+3-2\sqrt{5\times 3}} = \sqrt{5}-\sqrt{3}$

(3) $\sqrt{11-4\sqrt{6}} = \sqrt{11-2\sqrt{24}} = \sqrt{8+3-2\sqrt{8\times 3}} = \sqrt{8}-\sqrt{3}$
$= 2\sqrt{2}-\sqrt{3}$

(4) $\sqrt{5+\sqrt{21}} = \sqrt{\dfrac{10+2\sqrt{21}}{2}} = \dfrac{\sqrt{10+2\sqrt{21}}}{\sqrt{2}} = \dfrac{\sqrt{7+3+2\sqrt{7\times 3}}}{\sqrt{2}}$
$= \dfrac{\sqrt{7}+\sqrt{3}}{\sqrt{2}} = \dfrac{\sqrt{14}+\sqrt{6}}{2}$

問題 2.4 次の2重根号を外せ．

(1) $\sqrt{13+2\sqrt{30}}$ (2) $\sqrt{17-12\sqrt{2}}$ (3) $\sqrt{7+3\sqrt{5}}$

2.2 累乗根

a を実数，n を2以上の整数とする．n 乗して a になる数，つまり $x^n = a$ を満たす x の値を a の **n 乗根**といい，a の2乗根（**平方根**），a の3乗根（**立方根**），a の4乗根，… を総称して a の**累乗根**と呼ぶ．

例 2.2 (i) $4^3 = 64$ より，4 は 64 の立方根

(ii) $3^4 = (-3)^4 = 81$ より，± 3 は 81 の 4 乗根

(iii) $(-2)^5 = -32$ より，-2 は -32 の 5 乗根 ■

実数の範囲で考えると，a の n 乗根について，次のことが成り立つ．

(i) n が奇数のとき，実数 a の n 乗根はただ1つあり，これを $\sqrt[n]{a}$ とかく．

(ii) n が偶数のとき，正の数 a の n 乗根は正負1つずつあり，これらをそれぞれ $\sqrt[n]{a}, -\sqrt[n]{a}$ （またはまとめて $\pm\sqrt[n]{a}$）とかく．負の数の偶数乗根は存在しない．

【コメント】$\sqrt[2]{a}$ は $\sqrt{a}$ と略記する．また $\sqrt[n]{0} = 0$ である． ■

例題 2.5 次の値を求めよ．

(1) $\sqrt[3]{125}$ (2) $\sqrt[3]{-216}$ (3) $\sqrt[4]{0.0001}$

(4) $\sqrt[5]{-3125}$ (5) $\sqrt[3]{11^6}$ (6) $\sqrt[6]{8^8}$

第 2 章　根号を含む数と式の計算

【ヒント】「$\sqrt[n]{a}$ の値を求めよ」という問題は，根号内部の a を $a = x^n$ の形にすれば x が求める値である．(5),(6) は指数法則を利用する．　　■

【解答】（1）　$125 = 5^3$ より $\sqrt[3]{125} = 5$

（2）　$-216 = (-6)^3$ より $\sqrt[3]{-216} = -6$

（3）　$0.0001 = (0.1)^4$ より $\sqrt[4]{0.0001} = 0.1$

（4）　$-3125 = (-5)^5$ より $\sqrt[5]{-3125} = -5$

（5）　$11^6 = (11^2)^3$ より $\sqrt[3]{11^6} = \sqrt[3]{(11^2)^3} = 11^2 = 121$

（6）　$8^8 = (2^3)^8 = 2^{24} = (2^4)^6$ より $\sqrt[6]{8^8} = \sqrt[6]{(2^4)^6} = 2^4 = 16$

累乗根の計算規則

$a, b > 0$，n, m, p を自然数とするとき，次が成り立つ．

(i)　$(\sqrt[n]{a})^n = a$　　(ii)　$\sqrt[n]{a}\sqrt[n]{b} = \sqrt[n]{ab}$　　(iii)　$\dfrac{\sqrt[n]{a}}{\sqrt[n]{b}} = \sqrt[n]{\dfrac{a}{b}}$

(iv)　$(\sqrt[n]{a})^m = \sqrt[n]{a^m}$　　(v)　$\sqrt[m]{\sqrt[n]{a}} = \sqrt[mn]{a}$　　(vi)　$\sqrt[n]{a^m} = \sqrt[np]{a^{mp}}$

例題 2.6　次の計算をせよ．

（1）　$\sqrt[3]{32}\sqrt[3]{2}$　　　　　（2）　$\dfrac{\sqrt[3]{243}}{\sqrt[3]{9}}$　　　　　（3）　$\sqrt[6]{0.000729}$

（4）　$\sqrt[4]{81^5}$　　　　　（5）　$\sqrt[5]{256}\sqrt[5]{4}$　　　　　（6）　$\dfrac{\sqrt[5]{3}}{\sqrt[5]{96}}$

（7）　$(\sqrt[3]{5} + \sqrt[3]{3})(\sqrt[3]{25} - \sqrt[3]{15} + \sqrt[3]{9})$

【解答】（1）　$\sqrt[3]{32}\sqrt[3]{2} = \sqrt[3]{32 \times 2} = \sqrt[3]{64} = \sqrt[3]{4^3} = 4$

（2）　$\dfrac{\sqrt[3]{243}}{\sqrt[3]{9}} = \sqrt[3]{\dfrac{243}{9}} = \sqrt[3]{27} = 3$

（3）　$\sqrt[6]{0.000729} = \sqrt[6]{\dfrac{729}{1000000}} = \sqrt[6]{\dfrac{3^6}{10^6}} = \dfrac{3}{10} \ (= 0.3)$

（4）　$\sqrt[4]{81^5} = (\sqrt[4]{81})^5 = 3^5 = 243$

（5）　$\sqrt[5]{256}\sqrt[5]{4} = \sqrt[5]{2^8}\sqrt[5]{2^2} = \sqrt[5]{2^8 \times 2^2} = \sqrt[5]{2^{10}} = \sqrt[5]{(2^2)^5} = 2^2 = 4$

（6）　$\dfrac{\sqrt[5]{3}}{\sqrt[5]{96}} = \sqrt[5]{\dfrac{3}{96}} = \sqrt[5]{\dfrac{1}{32}} = \dfrac{1}{2}$

（7）　$(\sqrt[3]{5} + \sqrt[3]{3})(\sqrt[3]{25} - \sqrt[3]{15} + \sqrt[3]{9}) = (\sqrt[3]{5} + \sqrt[3]{3})\{(\sqrt[3]{5})^2 - \sqrt[3]{5}\sqrt[3]{3} + (\sqrt[3]{3})^2\}$
　　$= (\sqrt[3]{5})^3 + (\sqrt[3]{3})^3 = 5 + 3 = 8$

問題 2.5 次の計算をせよ．

(1) $\sqrt[4]{625}$ 　　　　(2) $\sqrt[5]{-1024}$ 　　　　(3) $\sqrt[3]{\dfrac{27}{512}}$

(4) $\dfrac{\sqrt[4]{20000}}{\sqrt[4]{162}}$ 　　　　(5) $\sqrt[3]{343^2}$ 　　　　(6) $\sqrt[4]{24}\sqrt[4]{54}$

(7) $(\sqrt[3]{7} - \sqrt[3]{5})(\sqrt[3]{49} + \sqrt[3]{35} + \sqrt[3]{25})$

(8) $(\sqrt[4]{5} - \sqrt[4]{6})(\sqrt[4]{5} + \sqrt[4]{6})(\sqrt{5} + \sqrt{6})$

2.3　根号を含む式の計算

例題 2.7　次の式を簡単にせよ．

(1) $(\sqrt{x^2+1} + x)(\sqrt{x^2+1} - x)$ 　　　　(2) $\dfrac{\sqrt{x+1} - \sqrt{x-1}}{\sqrt{x+1} + \sqrt{x-1}}$

(3) $\sqrt{x^2+1} - \dfrac{x^2}{\sqrt{x^2+1}}$ 　　　　(4) $\dfrac{1 + \dfrac{x}{\sqrt{x^2+a}}}{x + \sqrt{x^2+a}}$

【解答】　(1) $(\sqrt{x^2+1} + x)(\sqrt{x^2+1} - x) = (\sqrt{x^2+1})^2 - x^2$
$= x^2 + 1 - x^2 = 1$

(2) $\dfrac{\sqrt{x+1} - \sqrt{x-1}}{\sqrt{x+1} + \sqrt{x-1}} = \dfrac{(\sqrt{x+1} - \sqrt{x-1})^2}{(\sqrt{x+1} + \sqrt{x-1})(\sqrt{x+1} - \sqrt{x-1})}$

$= \dfrac{x+1+x-1-2\sqrt{x^2-1}}{(x+1)-(x-1)} = \dfrac{2x - 2\sqrt{x^2-1}}{2} = x - \sqrt{x^2-1}$

(3) $\sqrt{x^2+1} - \dfrac{x^2}{\sqrt{x^2+1}} = \dfrac{(\sqrt{x^2+1})^2 - x^2}{\sqrt{x^2+1}} = \dfrac{1}{\sqrt{x^2+1}}$

(4) $\dfrac{1 + \dfrac{x}{\sqrt{x^2+a}}}{x + \sqrt{x^2+a}} = \left(1 + \dfrac{x}{\sqrt{x^2+a}}\right) \div (x + \sqrt{x^2+a})$

$= \dfrac{x + \sqrt{x^2+a}}{\sqrt{x^2+a}} \times \dfrac{1}{x + \sqrt{x^2+a}} = \dfrac{1}{\sqrt{x^2+a}}$

問題 2.6　次の式を簡単にせよ．

(1) $\dfrac{1}{\sqrt{x^2+1} - x} - \sqrt{x^2+1} - x$ 　　　　(2) $\dfrac{1+\sqrt{x}}{1-\sqrt{x}} - \dfrac{1-\sqrt{x}}{1+\sqrt{x}}$

第3章　1次方程式と1次不等式

　　文字を含む等式を方程式と呼ぶ．本章前半は両辺が文字について1次式である1次方程式を扱う．後半では1次不等式を述べる．

3.1　1次方程式

等式の性質

（ i ）　$A = B$ ならば　$\begin{cases} A+C = B+C \\ A-C = B-C \end{cases}$

（等式の両辺に同じ数を足しても（引いても），等式は成り立つ）

（ii）　$A = B$ ならば　$\begin{cases} AC = BC \\ \dfrac{A}{C} = \dfrac{B}{C} \quad (C \neq 0) \end{cases}$

（等式の両辺に同じ数を掛けても，0でない同じ数で割っても，等式は成り立つ）

例題3.1　次の方程式を解け．

（1）　$-8 - 3x = 2x - 14$　　　　（2）　$-5 - 4(3x+2) = -4 - 5(x-1)$

（3）　$\dfrac{3x+8}{5} = \dfrac{x-2}{4}$　　　　（4）　$2\sqrt{2}\,x + 1 = 3x + \sqrt{2}$

【解答】　等式の性質（i），（ii）を用いて，未知数を左辺に，数を右辺に**移項**して，$\bigcirc x = \square$ の形にする．(3) のように係数に分数を含む方程式は，両辺に分母の最小公倍数を掛けて解くと計算が楽である．この操作を**分母を払う**という．

（1）　　$-8 - 3x = 2x - 14$
　　　　$-3x - 2x = -14 + 8$

（2）　　$-5 - 4(3x+2) = -4 - 5(x-1)$
　　　　$-13 - 12x = 1 - 5x$

3.1 1次方程式

$$-5x = -6$$
$$x = \frac{6}{5}$$

（3）両辺に 20 を掛けて
$$4(3x+8) = 5(x-2)$$
$$12x + 32 = 5x - 10$$
$$7x = -42$$
$$x = -6$$

$$-7x = 14$$
$$x = -2$$

（4）$2\sqrt{2}\,x + 1 = 3x + \sqrt{2}$
$$(2\sqrt{2}-3)x = \sqrt{2}-1$$
$$x = \frac{\sqrt{2}-1}{2\sqrt{2}-3}$$
$$= \frac{(\sqrt{2}-1)(2\sqrt{2}+3)}{(2\sqrt{2}-3)(2\sqrt{2}+3)}$$
$$= -1-\sqrt{2}$$

例題 0.4（4）〜（6）のような分数を含む「文字式を計算せよ」という問題と，「方程式を解け」という問題との違いに注意する．分数式の計算において，適当な数を掛けて係数を整数にすることはできない．例えば，例題 0.4 の（4）で次のような計算をしてはいけない．

（誤）：$\dfrac{x^2+3x-1}{4} + \dfrac{x^2-2x+2}{3}$

$\overset{12倍}{=} 3(x^2+3x-1) + 4(x^2-2x+2) = 7x^2 + x + 5$

⇑ ここが誤り

問題 3.1 次の方程式を解け．

（1）$6x + 7 = 2x - 3$ 　　　（2）$7x - 4(3x+4) = 2(x-1)$

（3）$\dfrac{1}{2}x + \dfrac{1}{3} = \dfrac{3}{5}x + \dfrac{1}{4}$ 　　　（4）$\sqrt{3}\,x + \sqrt{2} = -\sqrt{2}\,x + \sqrt{3}$

---

x についての次の方程式を考える．

（∗）　　$ax = b$

これは a, b が 0 であるかどうかによって，解は大きく変わる．安易に，両辺を a で割って $x = \dfrac{b}{a}$ としないように．

- $a \neq 0$ のとき，　$x = \dfrac{b}{a}$

- $a = 0$，$b \neq 0$ のとき，方程式は $0x = b$．右辺は 0 でないので，等号は成立しない．よって解なし．

- $a = b = 0$ のとき,方程式は $0x = 0$. この等式は常に成立するので,x は任意 (どんな数でもよい).

3.2 連立方程式

例題 3.2 次の連立方程式を解け.

（1）$\begin{cases} y = 2x + 1 & \cdots ① \\ y = -3x + 6 & \cdots ② \end{cases}$
（2）$\begin{cases} x + 3y = -3 & \cdots ① \\ -2x + y = 20 & \cdots ② \end{cases}$

（3）$\begin{cases} x + 2y = 4 & \cdots ① \\ \dfrac{x}{3} + \dfrac{y}{2} = 2 & \cdots ② \end{cases}$
（4）$\begin{cases} x + y + z = -1 & \cdots ① \\ 3x + 4y + 2z = -4 & \cdots ② \\ 3x + y - 2z = 6 & \cdots ③ \end{cases}$

【解答】 未知数が 2 つ以上ある**連立方程式**は 1 文字ずつ消去する.

（1）① を ② に代入して $2x + 1 = -3x + 6$. これを解いて,$x = 1$. $x = 1$ を ① に代入して $y = 2 \cdot 1 + 1 = 3$. よって $(x, y) = (1, 3)$.

（2）① を 2 倍した式と ② を加えると,

$$
\begin{array}{rl}
2 \times ①: & 2x + 6y = -6 \\
+\ ②: & -2x + y = 20 \\ \hline
& 7y = 14
\end{array}
$$

ゆえに $y = 2$. これを ① に代入して $x + 3 \times 2 = -3$. これを解いて $x = -9$. よって $(x, y) = (-9, 2)$.

（3）② の分母を払って (両辺を 6 倍して),$2x + 3y = 12 \cdots ②'$

$$
\begin{array}{rl}
2 \times ①: & 2x + 4y = 8 \\
-\ ②': & 2x + 3y = 12 \\ \hline
\therefore & y = -4
\end{array}
$$

$y = -4$ を ① に代入して,$x + 2 \times (-4) = 4$. これを解いて $x = 12$. よって $(x, y) = (12, -4)$.

（4）$\begin{cases} ② - 3 \times ① \text{ より } & y - z = -1 \cdots ④ \\ ② - ③ \text{ より } & 3y + 4z = -10 \cdots ⑤ \end{cases}$

⑤ $- 3 \times$ ④ より $7z = -7$ $\therefore z = -1$.
$z = -1$ を ④ に代入して $y + 1 = -1$ $\therefore y = -2$.

$y = -2$, $z = -1$ を ① に代入して $x - 2 - 1 = -1$ ∴ $x = 2$.
よって $(x, y, z) = (2, -2, -1)$.

問題 3.2 次の連立方程式を解け．

(1) $\begin{cases} 2x + 5y = 8 & \cdots ① \\ 4x + 7y = 7 & \cdots ② \end{cases}$
(2) $\begin{cases} x + 2y + z = 3 & \cdots ① \\ 2x + 3y + 4z = 5 & \cdots ② \\ 3x - y + 2z = 2 & \cdots ③ \end{cases}$

3.3 1次不等式

― 不等式の性質 ―

(i) $A < B$ ならば $\begin{cases} A + C < B + C \\ A - C < B - C \end{cases}$

(ii) $A < B$, $C > 0$ ならば $\begin{cases} AC < BC \\ \dfrac{A}{C} < \dfrac{B}{C} \end{cases}$

(iii) $A < B$, $C < 0$ ならば $\begin{cases} AC > BC \\ \dfrac{A}{C} > \dfrac{B}{C} \end{cases}$

注意すべき性質は (iii) である．不等式では両辺に負の数を掛けたり，両辺を負の数で割ったりすると，不等号の向きが逆になる．

例題 3.3 次の不等式を解け．

(1) $5x - 4 \leqq -x - 10$
(2) $4(x + 1) - 3(x - 2) < 6x - 5$
(3) $\dfrac{2x + 1}{3} - \dfrac{x - 3}{4} > 1$
(4) $\sqrt{3}\, x \geqq 2x + 1$
(5) $\begin{cases} \dfrac{x + 2}{4} < \dfrac{x + 3}{5} & \cdots ① \\ 5x - 4 \geqq 3x - 5 & \cdots ② \end{cases}$
(6) $\begin{cases} -7x + 13 > 3x - 18 & \cdots ① \\ \sqrt{3}\, x + 5 \leqq \sqrt{2}\, x + 6 & \cdots ② \end{cases}$

【解答】

(1) $5x - 4 \leqq -x - 10$
(2) $4(x + 1) - 3(x - 2) < 6x - 5$

$$6x \leqq -6$$
$$x \leqq -1$$

(3) 両辺に 12 を掛けて
$$4(2x+1) - 3(x-3) > 12$$
$$5x + 13 > 12$$
$$5x > -1$$
$$x > -\frac{1}{5}$$

(5) ①：両辺を 20 倍して,
$$5x + 10 < 4x + 12$$
$$x < 2$$
②：移項して $2x \geqq -1$
$$x \geqq -\frac{1}{2}$$
①, ②の共通範囲は $-\frac{1}{2} \leqq x < 2$

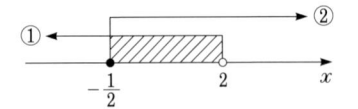

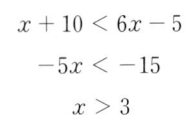

$$x + 10 < 6x - 5$$
$$-5x < -15$$
$$x > 3$$

(4) $\sqrt{3}\,x \geqq 2x + 1$
$$(\sqrt{3} - 2)x \geqq 1$$
$\sqrt{3} - 2 < 0$ なので
$$x \leqq \frac{1}{\sqrt{3} - 2}$$
$$x \leqq -\sqrt{3} - 2$$

(6) ①：移項して $-10x > -31$
$$x < \frac{31}{10}$$
②：$(\sqrt{3} - \sqrt{2})x \leqq 1$
$$x \leqq \frac{1}{\sqrt{3} - \sqrt{2}} = \sqrt{3} + \sqrt{2}$$
①, ②の共通範囲は $x < \frac{31}{10}$

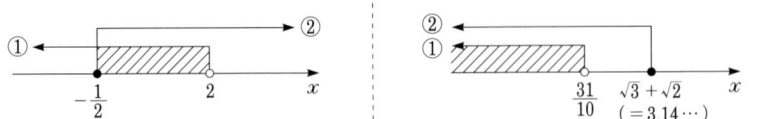

【コメント】 (5) の数値線で，黒丸●は端の数 $-\frac{1}{2}$ が②の解に含まれることを，白丸○は 2 が①の解に含まれないことを示す．

問題 3.3 次の不等式を解け．

(1) $6(x+3) > 11x + 8$

(2) $4(3x-1) \leqq 2(x+6) + 7(x-4)$

(3) $\dfrac{3}{5}(x+1) - \dfrac{x-2}{3} \geqq \dfrac{13x+7}{15}$

(4) $3x + \sqrt{2} > 2\sqrt{2}\,(x+1)$

(5) $\begin{cases} 3x - 2 \geqq 5x + 6 & \cdots ① \\ \dfrac{x-2}{3} + \dfrac{x+1}{2} > \dfrac{3x-1}{5} & \cdots ② \end{cases}$

(6) $\begin{cases} \dfrac{x-2}{3} \geqq \dfrac{x-1}{5} & \cdots ① \\ \sqrt{3}\,x - 1 > 2(\sqrt{2}\,x - 3) & \cdots ② \end{cases}$

第4章 複素数と2次方程式

2乗すると負になる新しい数(虚数)を導入して，その計算を行う．次に文字の2次式を含む等式である2次方程式の解法について述べる．なお2次不等式については2次関数を扱う第7章で後述する．

4.1 複素数

$x^2 = -1$ を満たす x を $i = \sqrt{-1}$ と書いて**虚数単位**という．

$$i^2 = -1, \quad i^3 = i^2 \times i = -1 \times i = -i, \quad i^4 = (i^2)^2 = (-1)^2 = 1$$

一般に $a > 0$ のとき，$-a$ の平方根は $\pm\sqrt{a}\,i$ であり，$\sqrt{-a} = \sqrt{a}\,i$ と定める．a, b を実数とするとき，

$$a + bi = a + b\sqrt{-1}$$

の形の数を**複素数**といい，a を**実部**，b を**虚部**という．また複素数 $a + bi$ において，$b = 0$ のときは**実数** a を表すが，$b \neq 0$ のときは実数でない．実数でない複素数を**虚数**という．特に $a = 0$，$b \neq 0$ のとき，bi の形の虚数を**純虚数**と呼ぶ．

a, b, c, d が実数のとき，

$$a + bi = c + di \iff a = c \text{ かつ } b = d$$

が成り立つ．

例題 4.1 次の計算をせよ．

(1) $5 - i + 2(4 + 3i) - 3(3 - i)$ (2) $(2 + 3i)(3 - 4i)$

(3) $(\sqrt{3} - 2i)^2$ (4) $\dfrac{3 + 2i}{2 - i}$

【解答】 複素数の和・差・積は通常の文字式と同様に計算し，i^2 が出てきたら，

$i^2 = -1$ とおく．複素数 $z = a + bi$ に対して，虚部の符号を変えた $a - bi$ を z の**複素共役**といい，$\bar{z}$ で表す．$z\bar{z} = \bar{z}z = a^2 + b^2$（実数）である．複素数の商は，分母の複素共役を分子分母に掛けて分母の有理化を行う．

(1) $5 - i + 2(4 + 3i) - 3(3 - i) = 5 - i + 8 + 6i - 9 + 3i = 4 + 8i$

(2) $(2 + 3i)(3 - 4i) = 6 - 8i + 9i - 12i^2 = 6 + i + 12 = 18 + i$

(3) $(\sqrt{3} - 2i)^2 = (\sqrt{3})^2 - 2 \times \sqrt{3} \times 2i + (2i)^2 = 3 - 4\sqrt{3}\,i - 4$
$= -1 - 4\sqrt{3}\,i$

(4) $\dfrac{3 + 2i}{2 - i} = \dfrac{(3 + 2i)(2 + i)}{(2 - i)(2 + i)} = \dfrac{6 + 3i + 4i + 2i^2}{2^2 - i^2} = \dfrac{4 + 7i}{5}$

【コメント】 虚数については，大小関係や正，負は考えない． ∎

第 2 章で学んだ平方根の計算規則「$a, b > 0$ のとき $\sqrt{ab} = \sqrt{a}\sqrt{b}$ および $\sqrt{\dfrac{a}{b}} = \dfrac{\sqrt{a}}{\sqrt{b}}$」は，$a$ または b が負の数だと成立しない．例えば

$$\begin{cases} \sqrt{(-2)(-3)} = \sqrt{6} \\ \sqrt{-2}\sqrt{-3} = \sqrt{2}\,i\sqrt{3}\,i = \sqrt{6}\,i^2 = -\sqrt{6} \end{cases}$$

より，$\sqrt{(-2)(-3)} \neq \sqrt{-2}\sqrt{-3}$ である．また，

$$\begin{cases} \sqrt{\dfrac{6}{-2}} = \sqrt{-3} = \sqrt{3}\,i \\ \dfrac{\sqrt{6}}{\sqrt{-2}} = \dfrac{\sqrt{6}}{\sqrt{2}\,i} = \dfrac{\sqrt{6}\,i}{\sqrt{2}\,i^2} = -\dfrac{\sqrt{6}\,i}{\sqrt{2}} = -\sqrt{3}\,i \end{cases}$$

より，$\sqrt{\dfrac{6}{-2}} \neq \dfrac{\sqrt{6}}{\sqrt{-2}}$ である．

問題 4.1 $\alpha = 1 + 3i$，$\beta = 4 - i$ のとき，次の値を求めよ．

(1) $\alpha - 2\beta$ (2) $\beta + \bar{\beta}$ (3) $\alpha\beta$

(4) α^2 (5) $\beta\bar{\beta}$ (6) $\dfrac{\beta}{\alpha}$

4.2 2次方程式

例題 4.2 次の 2 次方程式を解け．

(1) $x^2 - 5x - 24 = 0$ (2) $x^2 - 12x + 36 = 0$

4.2 2次方程式

(3) $6x^2 + x - 15 = 0$

【解答】 左辺の因数分解を試みる．

(1) $(x-8)(x+3) = 0$ より $x = 8, -3$

(2) $(x-6)^2 = 0$ より $x = 6$ (重解)

(3) たすきがけ（p. 10）によって $(2x-3)(3x+5) = 0$ より $x = \dfrac{3}{2}, -\dfrac{5}{3}$

例題 4.3 次の2次方程式を解け．

(1) $x^2 - 4x + 2 = 0$ (2) $x^2 + 3x - 1 = 0$

(3) $3x^2 + 2x - 2 = 0$

【解答】 因数分解できない場合は，左辺を**平方完成**して，$a(x+p)^2 + q = 0$ の形にする．

(1) （左辺）$= (x^2 - 4x) + 2 = \{(x-2)^2 - 4\} + 2 = (x-2)^2 - 2$

したがって，方程式は $(x-2)^2 - 2 = 0$ となるので，$(x-2)^2 = 2$

ゆえに $x - 2 = \pm\sqrt{2}$ であり，解は $x = 2 \pm \sqrt{2}$

(2) （左辺）$= (x^2 + 3x) - 1 = \left\{\left(x + \dfrac{3}{2}\right)^2 - \left(\dfrac{3}{2}\right)^2\right\} - 1$

$= \left(x + \dfrac{3}{2}\right)^2 - \dfrac{13}{4}$

したがって，方程式は $\left(x + \dfrac{3}{2}\right)^2 = \dfrac{13}{4}$ となる．

ゆえに $x + \dfrac{3}{2} = \pm\dfrac{\sqrt{13}}{2}$ であり，解は $x = \dfrac{-3 \pm \sqrt{13}}{2}$

(3) （左辺）$= 3\left(x^2 + \dfrac{2}{3}x\right) - 2 = 3\left\{\left(x + \dfrac{1}{3}\right)^2 - \left(\dfrac{1}{3}\right)^2\right\} - 2$

$= 3\left(x + \dfrac{1}{3}\right)^2 - \dfrac{7}{3}$

したがって，方程式は $3\left(x + \dfrac{1}{3}\right)^2 - \dfrac{7}{3} = 0 \iff \left(x + \dfrac{1}{3}\right)^2 = \dfrac{7}{9}$ となる．

ゆえに $x + \dfrac{1}{3} = \pm\dfrac{\sqrt{7}}{3}$ であり，解は $x = \dfrac{-1 \pm \sqrt{7}}{3}$

上の例題にならって，一般の2次方程式

$ax^2 + bx + c = 0 \quad (a \neq 0)$

に対する解の公式を導出しよう．左辺を平方完成すると

$$ax^2 + bx + c = a\left(x^2 + \frac{b}{a}x\right) + c = a\left\{\left(x + \frac{b}{2a}\right)^2 - \frac{b^2}{4a^2}\right\} + c$$
$$= a\left(x + \frac{b}{2a}\right)^2 - \frac{b^2 - 4ac}{4a}$$

したがって，方程式は

$$a\left(x + \frac{b}{2a}\right)^2 = \frac{b^2 - 4ac}{4a} \iff \left(x + \frac{b}{2a}\right)^2 = \frac{b^2 - 4ac}{4a^2}$$

ゆえに $x + \dfrac{b}{2a} = \pm \dfrac{\sqrt{b^2 - 4ac}}{2a}$ となり，以下の**解の公式**を得る．

$$\boxed{ax^2 + bx + c = 0 \ (a \neq 0) \ \text{の解は} \quad x = \frac{-b \pm \sqrt{b^2 - 4ac}}{2a}}$$

> 解の公式で根号内の $b^2 - 4ac$ を2次方程式の**判別式**と呼び，記号 D で表す．判別式 $D = b^2 - 4ac$ の符号と2次方程式の解の種類との間には次の関係が成り立つ：
>
> $D > 0 \iff$ 2つの異なる実数解をもつ
> $D = 0 \iff$ 実数の重解を1つもつ
> $D < 0 \iff$ 2つの異なる虚数解をもつ

例題 4.4 解の公式を用いて，次の2次方程式を解け．

（1） $x^2 - 8x + 2 = 0$ 　　　　　（2） $2x^2 + x - 4 = 0$

（3） $3x^2 - x + 1 = 0$ 　　　　　（4） $\dfrac{1}{3}x^2 - \dfrac{5}{6}x + \dfrac{1}{6} = 0$

【解答】（1） 解の公式で $a = 1, \ b = -8, \ c = 2$ とおいて，

$$x = \frac{8 \pm \sqrt{(-8)^2 - 4 \times 1 \times 2}}{2} = \frac{8 \pm \sqrt{56}}{2} = \frac{8 \pm 2\sqrt{14}}{2} = 4 \pm \sqrt{14}$$

（2） 解の公式で $a = 2, \ b = 1, \ c = -4$ とおいて，

$$x = \frac{-1 \pm \sqrt{1^2 - 4 \times 2 \times (-4)}}{2 \times 2} = \frac{-1 \pm \sqrt{33}}{4}$$

（3） 解の公式で $a = 3, \ b = -1, \ c = 1$ とおいて，

$$x = \frac{1 \pm \sqrt{(-1)^2 - 4 \times 3 \times 1}}{2 \times 3} = \frac{1 \pm \sqrt{-11}}{6} = \frac{1 \pm \sqrt{11}i}{6}$$

（4） そのまま解の公式を適用してもよいが，等式の性質を用いて，両辺を6倍して係数を整数に直した方が扱いやすい．

両辺を6倍した $2x^2 - 5x + 1 = 0$ に解の公式を用いる．$a = 2$，$b = -5$，$c = 1$ とおいて，
$$x = \frac{5 \pm \sqrt{(-5)^2 - 4 \times 2 \times 1}}{2 \times 2} = \frac{5 \pm \sqrt{17}}{4}$$

解の公式において，$b = 2b'$，つまり x の係数 b が偶数の場合，解の公式は簡単になる．実際，2次方程式
$$ax^2 + 2b'x + c = 0$$
に解の公式を適用すると，
$$x = \frac{-2b' \pm \sqrt{(2b')^2 - 4ac}}{2a} = \frac{-2b' \pm 2\sqrt{b'^2 - ac}}{2a}$$
$$= \frac{-b' \pm \sqrt{b'^2 - ac}}{a}$$
ゆえに

> （∗）：$ax^2 + 2b'x + c = 0$ ($a \neq 0$) の解は
> $$x = \frac{-b' \pm \sqrt{b'^2 - ac}}{a}$$

例題 4.4 (1)：$x^2 - 8x + 2 = 0 \iff x^2 - 2 \cdot 4x + 2 = 0$ の場合，解の公式 (∗) で $a = 1$，$b' = -4$，$c = 2$ とおいて，$x = 4 \pm \sqrt{(-4)^2 - 2} = 4 \pm \sqrt{14}$ である．

問題 4.2 次の2次方程式を解け．

(1) $x^2 - 13x + 36 = 0$ (2) $x^2 + 3x - 40 = 0$

(3) $12x^2 - 25x + 12 = 0$ (4) $\sqrt{2}\,x^2 + x = 0$

(5) $2x^2 - 9x + 3 = 0$ (6) $4x^2 + 2x - 1 = 0$

(7) $x^2 + 3x + 5 = 0$ (8) $x^2 + 6x + 11 = 0$

(9) $5x^2 + 2x + 1 = 0$ (10) $x^2 + \sqrt{3}\,x - 1 = 0$

(11) $x^2 - 2\sqrt{5}\,x + 6 = 0$ (12) $\dfrac{3}{4}x^2 + x - \dfrac{1}{3} = 0$

第 5 章　3 次以上の方程式

本章では整式どうしの割り算を述べる．3 次以上の方程式を解けるようにすることが本章の目標である．

5.1　整式の割り算

整式の割り算は，割る式と割られる式を次数の高い順に整理して，商と余りを求める整数の割り算と同様の手順で行う．$A(x)$, $B(x)$ を x についての整式とする．$A(x)$ を $B(x)$ で割った商が $Q(x)$, 余りが $R(x)$ のとき，次の**除法の原理**が成り立つ．

$$A(x) = B(x)\,Q(x) + R(x)$$

例題5.1　$A(x)$ を $B(x)$ で割った商と余りを計算せよ．

（1）　$A(x) = 2x^4 + 9x^3 + 4x^2 - 5x + 1,\quad B(x) = x^2 + 3x - 1$

（2）　$A(x) = x^3 - 7x - 2,\quad B(x) = x + 3$

【解答】　最高次数に着目して割り算する．余りの次数が割る式 $B(x)$ の次数より低くなったら計算終了．

（1）
$$
\begin{array}{r}
2x^2 + 3x - 3 \\
x^2 + 3x - 1 \,\overline{\smash{\big)}\, 2x^4 + 9x^3 + 4x^2 - 5x + 1} \\
\underline{2x^4 + 6x^3 - 2x^2} \quad \leftarrow B(x) \times 2x^2 \\
3x^3 + 6x^2 - 5x + 1 \\
\underline{3x^3 + 9x^2 - 3x} \quad \leftarrow B(x) \times 3x \\
-3x^2 - 2x + 1 \\
\underline{-3x^2 - 9x + 3} \quad \leftarrow B(x) \times (-3) \\
7x - 2
\end{array}
$$

5.1 整式の割り算

商 $2x^2+3x-3$, 余り $7x-2$

(2) 割られる式や割る式で、ある次数の項がないときは、その場所を空けて計算する.

$$\begin{array}{r} x^2-3x+2 \\ x+3 \overline{\smash{\big)}\, x^3 -7x-2} \\ \underline{x^3+3x^2} \\ -3x^2-7x-2 \\ \underline{-3x^2-9x} \\ 2x-2 \\ \underline{2x+6} \\ -8 \end{array}$$

(x^2 の項の部分は空けておく)
← $B(x) \times x^2$
← $B(x) \times (-3x)$
← $B(x) \times 2$

商 x^2-3x+2, 余り -8

【コメント】 整式の割り算は係数のみを取り出して割り算すると計算が楽である(項のない次数の係数は 0 とおく).例えば (1) の場合は下の左式の通りである.特に 1 次式で割るときは**組み立て除法**という簡便法もある.例えば ax^3+bx^2+cx+d を $x-\alpha$ で割る場合は、下の右図のように計算すれば,商が ax^2+px+q, 余りが r となる(問 (2) について確かめてみよ).

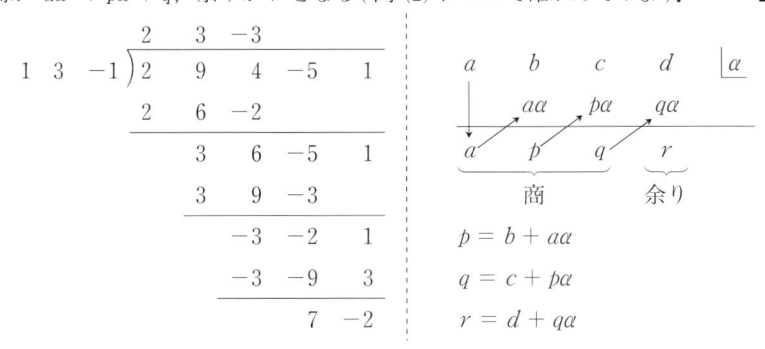

$$\begin{array}{r} 23-3 \\ 13-1\overline{\smash{\big)}\,294-51} \\ \underline{26-2} \\ 36-51 \\ \underline{39-3} \\ -3-21 \\ \underline{-3-93} \\ 7-2 \end{array}$$

$$\begin{array}{cccc|c} a & b & c & d & \underline{|\alpha} \\ & a\alpha & p\alpha & q\alpha & \\ \hline \underbrace{a p q}_{\text{商}} & & \underbrace{r}_{\text{余り}} \end{array}$$

$p = b + a\alpha$
$q = c + p\alpha$
$r = d + q\alpha$

問題 5.1 次の $A(x)$ $B(x)$ について,$A(x)$ を $B(x)$ で割った商と余りを求めよ.
(1) $A(x) = x^4 - 3x^3 - 4x^2 + 6x + 3$, $B(x) = x^2 - 2x - 2$
(2) $A(x) = 4x^3 - 2x^2 - x + 1$, $B(x) = 2x + 1$
(3) $A(x) = x^6$, $B(x) = x^3 + x + 1$

割る式が 1 次式 $B(x) = x - \alpha$ のとき、余りは定数 R となる.このとき

$$A(x) = (x-a)\,Q(x) + R$$

上の式の両辺は同じ式を表しているので，特に $x = a$ とおけば

$$A(a) = (a-a)\,Q(a) + R = R$$

つまり，次の**剰余定理**が成り立つ．

剰余定理

整式 $A(x)$ を $x-a$ で割った余りは，$A(x)$ の x に a を代入して得られる値 $A(a)$ に等しい．

例題 5.2

（1） $A(x) = x^3 - 7x^2 + 8x + 1$ を $x - 5$ で割った余りを求めよ．

（2） $B(x) = x^4 - 3x^2 + 1$ を $x + 2$ で割った余りを求めよ．

【解答】 割り算を実行してもよいが，割る式が 1 次式なので剰余定理を用いる．

（1） 求める余りは $A(5) = 5^3 - 7 \times 5^2 + 8 \times 5 + 1 = -9$

（2） 求める余りは $B(-2) = (-2)^4 - 3 \times (-2)^2 + 1 = 5$

問題 5.2 次の $A(x), B(x)$ について，$A(x)$ を $B(x)$ で割った余りを求めよ．

（1） $A(x) = x^5 - 3x^3 + 4x - 7,\quad B(x) = x - 2$

（2） $A(x) = x^4 + x^3 + 3x + 1,\quad B(x) = x + 2$

（3） $A(x) = 6x^3 + 5x^2 - 4x + 3,\quad B(x) = 2x + 3$

（4） $A(x) = x^5 + (x+1)^4 - (x+2)^3,\quad B(x) = x - 1$

5.2　因数定理と 3 次以上の方程式

剰余定理で，「割り切れる ⇔ 余り $= 0$」だから次の**因数定理**が成り立つ．

因数定理

x の整式 $A(x)$ が $A(a) = 0$ を満たすとき，$A(x)$ は $x - a$ で割り切れる．

因数定理が成り立つ a をみつけられて因数分解でき，各因数が 2 次以下の式になる場合は，3 次以上の方程式でも解を求めることができる．

5.2 因数定理と 3 次以上の方程式

例題 5.3 次の方程式を解け．

（1） $x^3 - 3x^2 - x + 6 = 0$ （2） $x^3 + x^2 - 3x + 9 = 0$
（3） $x^4 + x^3 - 9x^2 + x + 10 = 0$

【解答】 3 次以上の方程式を解く場合は，x に定数項の約数を代入して 0 に等しくなるものを見つける．

（1） $A(x) = x^3 - 3x^2 - x + 6$ とおく．x に定数項 6 の約数 $\pm 1, \pm 2, \pm 3, \pm 6$ を代入すると，$A(2) = 0$ となることがわかる．因数定理より，$A(x)$ が $x - 2$ で割り切れる．ゆえに割り算を実行して
$$A(x) = (x-2)(x^2 - x - 3)$$
と因数分解されるので，方程式は
$$(x-2)(x^2 - x - 3) = 0 \iff x - 2 = 0 \text{ または } x^2 - x - 3 = 0$$
よって，求める解は $x = 2, \dfrac{1 \pm \sqrt{13}}{2}$

（2） $A(x) = x^3 + x^2 - 3x + 9$ とおく．x に定数項 9 の約数 $\pm 1, \pm 3, \pm 9$ を代入すると，$A(-3) = 0$ がわかる．因数定理より
$$A(x) = (x+3)(x^2 - 2x + 3)$$
と因数分解されるので，
$$(x+3)(x^2 - 2x + 3) = 0$$
よって，求める解は $x = -3, 1 \pm \sqrt{2}\,i$

（3） $A(x) = x^4 + x^3 - 9x^2 + x + 10$ とおく．x に定数項 10 の約数を代入すると，$A(-1) = 0$ がわかる．因数定理より $A(x)$ は $x + 1$ で割り切れて，
$$A(x) = (x+1)(x^3 - 9x + 10)$$
次に $B(x) = x^3 - 9x + 10$ とおくと，$B(2) = 0$ より $B(x)$ を $x - 2$ で割って
$$B(x) = (x-2)(x^2 + 2x - 5)$$
以上より方程式は
$$(x+1)(x-2)(x^2 + 2x - 5) = 0$$
よって，求める解は $x = -1, 2, -1 \pm \sqrt{6}$

問題 5.3 次の方程式を解け．

（1） $x^3 + 2x^2 - 5x - 6 = 0$ （2） $x^3 - 15x - 4 = 0$
（3） $x^3 + 6x^2 + 12x + 7 = 0$ （4） $4x^3 - 12x^2 + 5x + 6 = 0$
（5） $x^4 - 2x^2 + 3x - 2 = 0$ （6） $x(x+1)(x+2)(x+3) - 24 = 0$

第6章　1次関数

　本章では，関数についての基礎事項を簡単に確認した後，1次関数のグラフをかく練習をする．

6.1 関数とグラフ

　$y = x + 1$ や $y = 2x^2$ のように，x の各値に対応して y の値がただ1つに定まるとき，y は x の **関数** であるという．一般に，y が x の関数であるとき，$y = f(x)$ という記号で表す[1]．

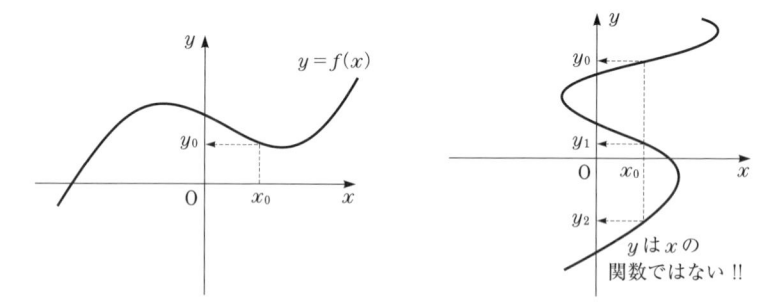

　関数 $y = f(x)$ に対し，x のとる値の範囲を **定義域**，x の値に対応して y のとる値の範囲を **値域** と呼ぶ．

例6.1　（1）　1次関数（**6.2**節参照）$y = -2x + 1$ の定義域はすべての実数，値域もすべての実数である．

（2）　2次関数（第7章参照）$y = x^2 - 1$ の定義域はすべての実数，値域は $y \geqq -1$ である．

---

1) f 以外に g や h などの記号もしばしば使われる．

6.1 関数とグラフ

（3） 分数関数（**8.1**節参照）$y = \dfrac{1}{x}$ の定義域は 0 以外のすべての実数，値域も 0 以外のすべての実数である．

（4） 無理関数（**8.2**節参照）$y = \sqrt{x-1}$ の定義域は $x \geqq 1$，値域は $y \geqq 0$ である． ■

関数 $y = f(x)$ において，x の値 x_0 とそれに対応する y の値 $f(x_0)$ の組 $(x_0, f(x_0))$ を座標とする点全体からなる平面上の図形を関数 $y = f(x)$ の**グラフ**という．例6.1のグラフと定義域・値域は下図のようになる．

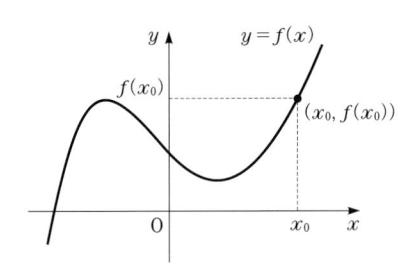

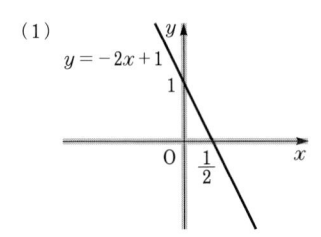

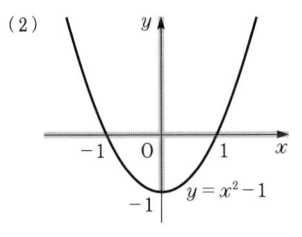

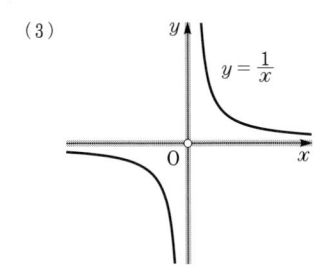

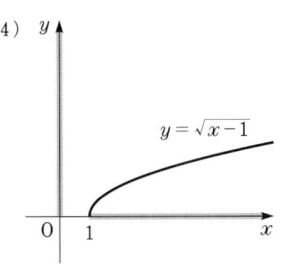

(1) $y = -2x + 1$

(2) $y = x^2 - 1$

(3) $y = \dfrac{1}{x}$

(4) $y = \sqrt{x-1}$

【コメント】 定義域を制限して
$$y = f(x) \quad (a \leqq x \leqq b)$$
のようにかくことがある．例えば，
$$y = \dfrac{1}{2}x + 1 \quad (-2 \leqq x \leqq 4)$$
のグラフは右図の実線部分である（したがって，値域は $0 \leqq y \leqq 3$ である）． ■

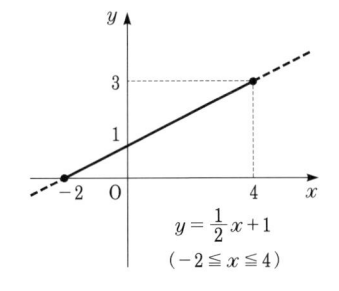

$y = \dfrac{1}{2}x + 1$
$(-2 \leqq x \leqq 4)$

関数 $y = f(x)$ において，$x = a$ のときの y の値を $f(a)$ で表す．

例題 6.1 ||||||||||||||||||||||||||||||||||||||||||||||||||||||||||||||||||||||||||||||||||||||||||||||||
次の $f(x)$ に対し，$f(0), f(-1), f(a), f(-a)$ をそれぞれ求めよ．
 （1） $f(x) = x + 1$ 　　　　　　（2） $f(x) = 2x^2$

【解答】 （1） $f(0) = 1, \ f(-1) = 0, \ f(a) = a + 1, \ f(-a) = -a + 1$
 （2） $f(0) = 0, \ f(-1) = 2, \ f(a) = 2a^2, \ f(-a) = 2a^2$

問題 6.1 次の $f(x)$ に対し，$f(0), f(-1), f(-a), f(a+1)$ をそれぞれ求めよ．

（1） $f(x) = -x + 2$ 　　　　　　（2） $f(x) = \dfrac{1}{3}x - \dfrac{2}{3}$

（3） $f(x) = x^2 - x + 1$ 　　　　（4） $f(x) = -\dfrac{1}{2}x^2 - \dfrac{1}{2}x + 1$

6.2　1次関数のグラフ

$y = x - 2, \ y = 3x + 1$ のように，y が x の1次式で表されるとき，y は x の**1次関数**であるという．一般に，1次関数は
$$y = ax + b \quad (a, b \text{ は定数で } a \neq 0)$$
という形に表すことができる．1次関数 $y = ax + b$ のグラフは
　　点 $(0, b)$ を通り，傾きが a
のグラフである（b を **y 切片**という）[2]．

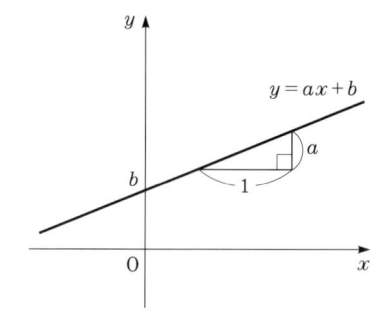

---

[2] グラフが x 軸と交わる点の x 座標（したがって，$y = 0$ のときの x の値）を **x 切片**という．

6.2 1次関数のグラフ

例題 6.2 次の1次関数のグラフをかけ．

(1) $y = 3x - 6$ (2) $y = -2x + 3$

【解答】 $y = ax + b$ の a, b にあたるのが何であるかを考えればよい．

(1) 点 $(0, -6)$ を通り，傾き 3 の直線なので，次のようになる．

(2) 点 $(0, 3)$ を通り，傾き -2 の直線なので，次のようになる．

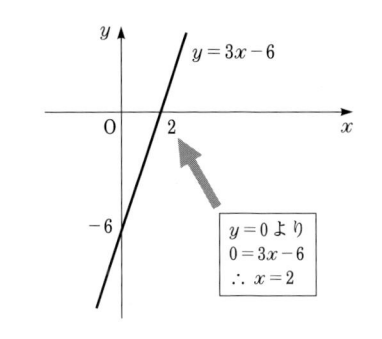

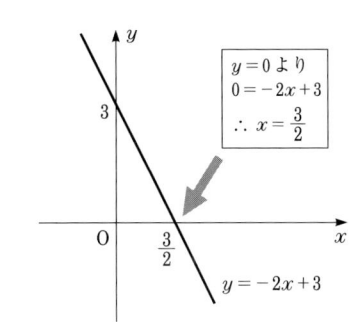

> 関数のグラフをかくときは，x 切片（x 軸との交わり）と y 切片（y 軸との交わり）をかくようにしよう！

【注意】 $a = 0$ のときの関数 $y = b$ は x 軸に平行な直線を表す．また関数 $x = c$ は y 軸に平行な直線を表す． ■

> 直線 $y = 0$ は x 軸
> 直線 $x = 0$ は y 軸
> のことである！！

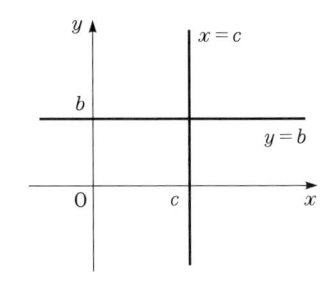

問題 6.2 次の1次関数のグラフをかけ．

(1) $y = 3x - 5$ (2) $y = -\dfrac{1}{2}x + 1$

(3) $x + 3 = 0$ (4) $2y + 1 = 0$

(5) $x + 2y = -1$ (6) $\dfrac{1}{2}x - \dfrac{1}{3}y = 1$

第6章 1次関数

例題6.3 次の関数のグラフをかけ．

(1) $y = |x|$　　　　　(2) $y = |2x-1|$

【解答】　(1) $|x| = \begin{cases} x & (x \geqq 0) \\ -x & (x < 0) \end{cases}$

であるから，$x \geqq 0$ においては $y = x$ のグラフを，$x < 0$ においては $y = -x$ のグラフをかけばよい（下左図）．

(2) $2x - 1 \geqq 0 \Leftrightarrow x \geqq \dfrac{1}{2}$ より，

$$|2x-1| = \begin{cases} 2x-1 & \left(x \geqq \dfrac{1}{2}\right) \\ -2x+1 & \left(x < \dfrac{1}{2}\right) \end{cases}$$

したがって，グラフは下右図のようになる．

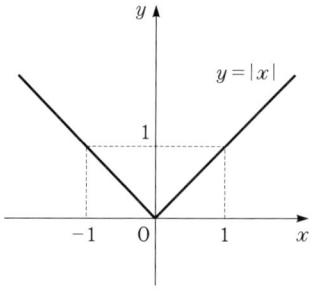

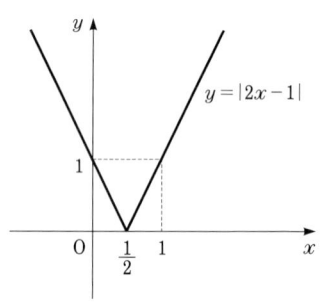

【コメント】 絶対値 $|a|$ の「中身」a が $a \geqq 0$ の場合と $a < 0$ の場合を別々に考えて，丁寧にグラフをかこう．■

問題6.3 次の関数のグラフをかけ．

(1) $y = -|x|$　　　　　　　　(2) $y = |-2x+3|$

(3) $y = 2|-x-1|$　　　　　　(4) $y = |x| + 1$

第7章 2次関数

本章では，2次関数のグラフをかく練習をする．またその応用として，2次不等式と，不等式の表す領域について学ぶ．

7.1 2次関数のグラフ

$y = 2x^2$，$y = -3x^2 + 1$，$y = \dfrac{1}{2}x^2 - x + 2$ のように，y が x の2次式で表されるとき，y は x の **2次関数** であるという．一般に2次関数は

$$y = ax^2 + bx + c \quad (a, b, c \text{ は定数で } a \neq 0)$$

という形に表すことができる．

まず2次関数 $y = ax^2$ のグラフについて復習しよう．2次関数 $y = ax^2$ のグラフの形を **放物線** という[1]．$y = ax^2$ のグラフは，どの a の値（$a \neq 0$）に対しても y 軸に関して対称であり，y 軸と原点 $\mathrm{O}(0,0)$ で交わる．また，

$a > 0$ のとき 「下に凸」， $a < 0$ のとき 「上に凸」

である．

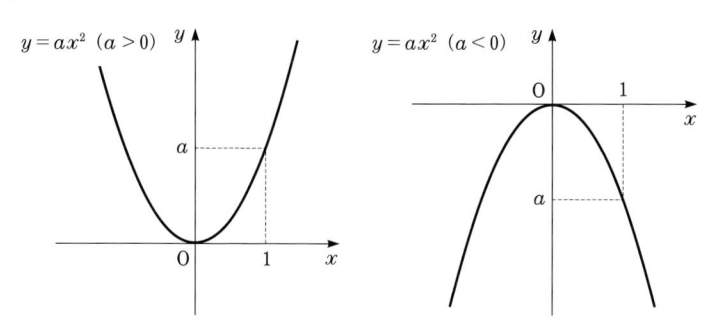

---
1) より一般の放物線については，付録 **A1.3** 節参照．

一般に，放物線は左右対称である．その対称の軸を放物線の**軸**，軸と放物線の交点を放物線の**頂点**という．$y = ax^2$ の軸は y 軸，頂点は原点 O である．

例題 7.1 次の 2 次関数のグラフを同じ座標平面上にかけ．

$$y = 2x^2, \quad y = -x^2, \quad y = \frac{1}{2}x^2, \quad y = -\frac{1}{4}x^2$$

【解答】

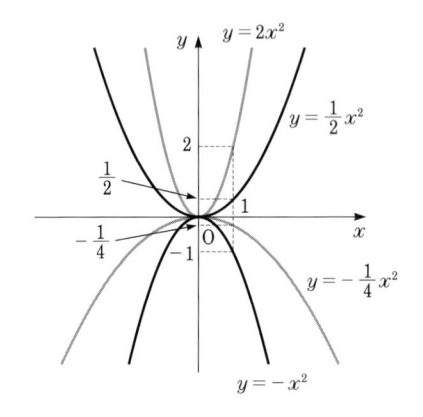

問題 7.1 次の 2 次関数のグラフを同じ座標平面上にかけ．

$$y = 3x^2, \quad y = -2x^2, \quad y = \frac{1}{4}x^2, \quad y = -\frac{1}{3}x^2$$

$y = a(x-p)^2 + q$ のグラフ

$y = a(x-p)^2 + q \ (\Leftrightarrow y - q = a(x-p)^2)$ のグラフは $y = ax^2$ のグラフを
「x 軸方向に p，y 軸方向に q」

だけ**平行移動**した放物線である．したがって，頂点の座標は (p, q) である．

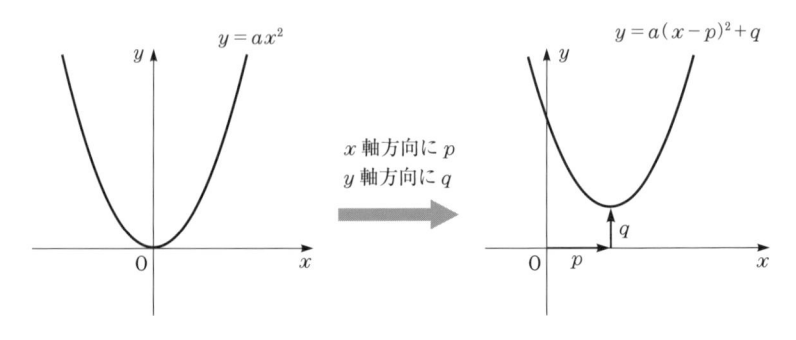

7.1 2次関数のグラフ

例題 7.2 次の2次関数のグラフをかけ．

（1） $y = 2(x+1)^2 + 3$ （2） $y = -(x-2)^2 + 1$

【解答】 $y = a(x-p)^2 + q$ において，a が正か負かと，p, q にあたるのが何であるかを考えればよい．

（1） $a = 2 > 0$ で頂点 $(-1, 3)$ であるから，次のようになる．

（2） $a = -1 < 0$ で頂点 $(2, 1)$ であるから，次のようになる．

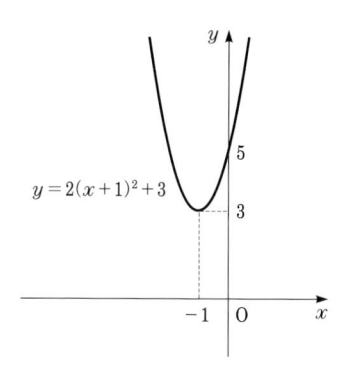

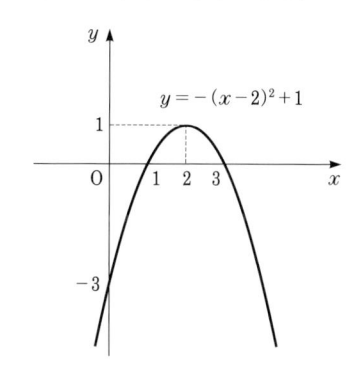

【コメント】 2次関数のグラフをかくときは，x 切片，y 切片のほかに，頂点の座標もかくようにしよう！ ■

グラフの平行移動：

一般に，関数 $y = f(x)$ のグラフを

「x 軸方向に p，y 軸方向に q」

だけ平行移動すると，関数

$$y - q = f(x - p)$$

のグラフとなる（p, q は正でも負でもよい）．

問題 7.2 次の2次関数のグラフをかけ．

（1） $y = x^2 + 1$ （2） $y = -2(x+1)^2$

（3） $y = 3(x-2)^2 - 3$ （4） $y = -\dfrac{1}{2}(x+3)^2 - \dfrac{1}{2}$

$y = ax^2 + bx + c$ のグラフ

例題 7.3 次の2次関数のグラフをかけ．

(1)　$y = x^2 - 2x - 3$　　　　　(2)　$y = -2x^2 - 8x - 9$

【解答】 右辺を平方完成して，
「$y = a(x-p)^2 + q$」
という形に変形すればよい．

(1)　$y = x^2 - 2x - 3$
$= (x-1)^2 - 1^2 - 3$
$= (x-1)^2 - 4$

したがって，次のようになる．

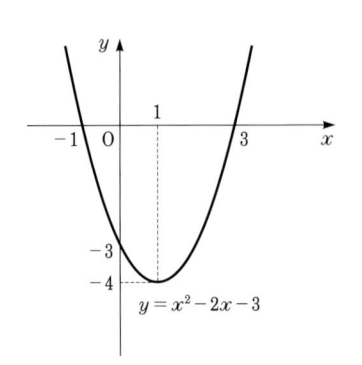

(2)　$y = -2x^2 - 8x - 9$
$= -2(x^2 + 4x) - 9$
$= -2\{(x+2)^2 - 2^2\} - 9$
$= -2(x+2)^2 - 1$

したがって，次のようになる．

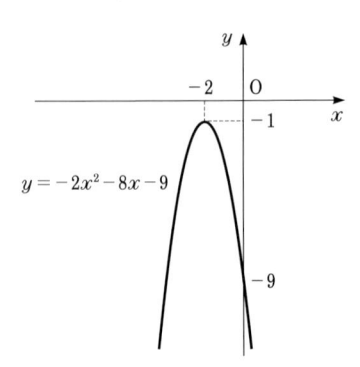

【コメント】 2次式 $ax^2 + bx + c$ は
$$ax^2 + bx + c = a\left(x + \frac{b}{2a}\right)^2 - \frac{b^2 - 4ac}{4a}$$
と平方完成されるので（**4.2**節参照），一般に，2次関数 $y = ax^2 + bx + c$ のグラフは，頂点 $\left(-\dfrac{b}{2a}, -\dfrac{b^2 - 4ac}{4a}\right)$ の放物線である．　■

問題 7.3 次の2次関数のグラフをかけ．

(1)　$y = x^2 + 2x + 2$　　　　　(2)　$y = -x^2 + 4x$

(3)　$y = 2x^2 + 6x + 5$　　　　　(4)　$y = -3x^2 - 3x + 6$

(5)　$y = \dfrac{1}{2}x^2 - 2x + \dfrac{3}{2}$　　　　　(6)　$y = -2x^2 + 3x - 1$

7.2 関数を利用した不等式の解法

例題 7.4

1次関数 $y = 2x + 3$ のグラフを使って，1次不等式 $2x + 3 > 0$ を解け．

【解答】 $y = 2x + 3$ のグラフと x 軸の交点の x 座標は，1次方程式 $2x + 3 = 0$ の解だから，$x = -\frac{3}{2}$ である．$2x + 3 > 0$ は $y > 0$ を意味するので，$y > 0$ となるような x の範囲を求めればよい．グラフより $x > -\frac{3}{2}$ のとき $y > 0$ であるから，$2x + 3 > 0$ の解は $x > -\frac{3}{2}$ である．

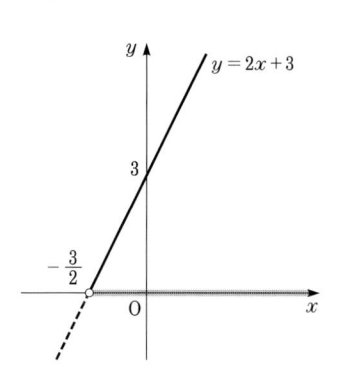

【コメント】 図中の白丸点や破線は範囲外であることを表す一般的表記である．■

問題 7.4 グラフを使って，次の1次不等式を解け．

(1) $-3x + 1 > 0$ 　　(2) $\frac{1}{2}x - \frac{1}{2} \leqq 0$

例題 7.5

2次関数 $y = x^2 - 3x - 4$ のグラフを使って，2次不等式 $x^2 - 3x - 4 < 0$ を解け．

【解答】 $y = x^2 - 3x - 4$ のグラフと x 軸の交点の x 座標は，2次方程式 $x^2 - 3x - 4 = 0$ の解であり，
$$x^2 - 3x - 4 = (x+1)(x-4)$$
より，$x = -1, 4$ である．$x^2 - 3x - 4 < 0$ なので，$y < 0$ となるような x の範囲を求めればよい．グラフより $-1 < x < 4$ のとき $y < 0$ であるから，$x^2 - 3x - 4 < 0$ の解は $-1 < x < 4$ である．

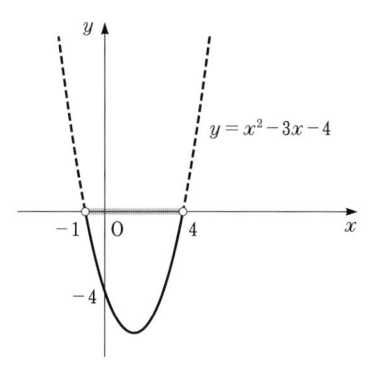

一般に次が成り立つ（$\alpha < \beta$ とする）．

　①：　$(x-\alpha)(x-\beta) < 0$ の解は　　$\alpha < x < \beta$

　②：　$(x-\alpha)(x-\beta) > 0$ の解は　　$x < \alpha,\ \beta < x$

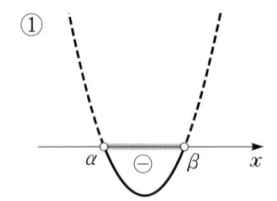

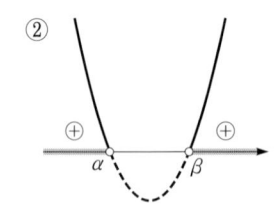

問題 7.5 グラフを使って，次の 2 次不等式を解け．

(1) $x^2 - x - 2 < 0$ 　　　　　(2) $x^2 + 5x + 6 \geqq 0$

(3) $x^2 > 1$ 　　　　　(4) $2x^2 - 5x + 2 \leqq 0$

例題 7.6 次の 2 次不等式を解け．

(1) $-x^2 + 4x - 3 > 0$ 　　　　　(2) $2x^2 + 2x - 1 > 0$

(3) $x^2 - 2x + 2 < 0$

【解答】（1） x^2 の係数が負の場合には，両辺に -1 を掛けてから解けばよい．両辺を -1 倍すると不等号の向きが変わるので，
$$x^2 - 4x + 3 < 0$$
$$(x-1)(x-3) < 0$$
$$\therefore\ 1 < x < 3$$

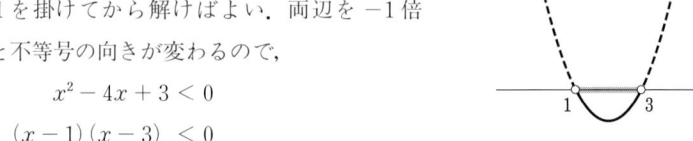

（2） $2x^2 + 2x - 1 = 0$ の解は，解の公式から，
$$x = \frac{-1 \pm \sqrt{1^2 - 2\cdot(-1)}}{2} = \frac{-1 \pm \sqrt{3}}{2}$$
したがって，求める解は
$$x < \frac{-1-\sqrt{3}}{2},\quad \frac{-1+\sqrt{3}}{2} < x$$

（3） $y = x^2 - 2x + 2$ のグラフは，
$$y = x^2 - 2x + 2 = (x-1)^2 + 1$$
より右図のようになり，常に $y > 0$ である．したがって，$x^2 - 2x + 2 < 0$ の解はない．

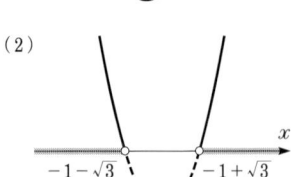

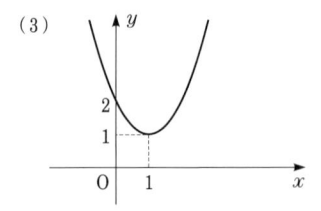

7.3 不等式の表す領域

【コメント】 (ⅰ) 上の例題 (3) の解答より,常に $x^2-2x+2>0$ なので,2次不等式 $x^2-2x+2>0$ の解はすべての実数である.

(ⅱ) 2次方程式 $x^2-2x+2=0$ は,判別式 $D=2^2-4\cdot 2=-4<0$ より,実数解をもたない.このことからも,2次関数 $y=x^2-2x+2$ のグラフは x 軸と共有点をもたないことがわかる. ■

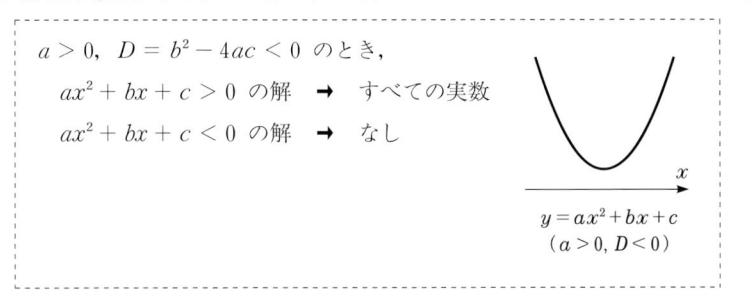

$a>0$, $D=b^2-4ac<0$ のとき,
$ax^2+bx+c>0$ の解 → すべての実数
$ax^2+bx+c<0$ の解 → なし

$y=ax^2+bx+c$
($a>0, D<0$)

問題 7.6 次の2次不等式を解け.

(1) $-2x^2-x+6<0$ 　　(2) $-x^2+3x+2\geqq 0$

(3) $3x^2-2x-2>0$ 　　(4) $x^2+3x+3\geqq 0$

(5) $5x^2-4x+1<0$ 　　(6) $4x^2-12x+9\leqq 0$

7.3 不等式の表す領域

例題 7.7 次の不等式の表す領域を図示せよ.

(1) $y<2x+1$ 　　(2) $y\geqq 2x^2$ 　　(3) $x^2+y^2<4$

【解答】 (1) 領域 $y<2x+1$ 内の点 (x_0,y_0) は,$y_0<2x_0+1$ をみたすので,直線 $y=2x+1$ の下側にある.よって,$y<2x+1$ の表す領域は図の斜線部である.ただし境界を含まない.

(2) 領域 $y>2x^2$ 内の点 (x_0,y_0) は,$y_0>2x_0^2$ をみたすので,放物線 $y=2x^2$ の上側にある.よって,$y>2x^2$ の表す領域は図の斜線部である.ただし境界を含む.

(3) 領域 $x^2+y^2<4$ 内の点 (x_0,y_0) は,$x_0^2+y_0^2<2^2$ をみたすので,中心 O,半径 2 の円 $x^2+y^2=2^2$ の内部にある.よって,$x^2+y^2<4$ の表す領域は図の斜線部である.ただし境界を含まない.

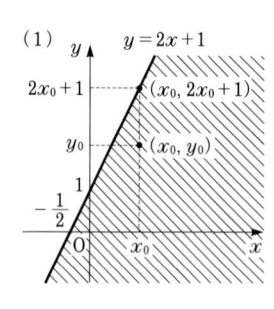

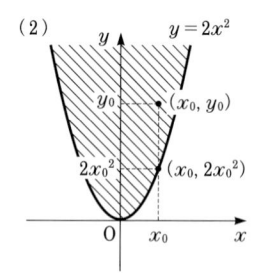

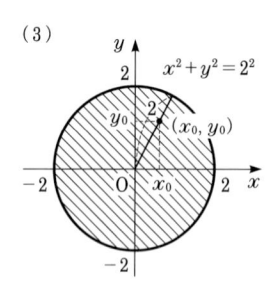

円の方程式：

中心 (a, b)，半径 r の円の方程式は
$$(x-a)^2 + (y-b)^2 = r^2 \quad {}^{2)}$$

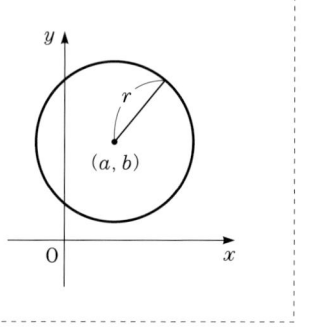

問題 7.7 次の不等式の表す領域を図示せよ．

(1) $y > -x + 2$ 　　(2) $y \leqq \dfrac{1}{2}x - 1$ 　　(3) $x \geqq -1$

(4) $y < 2$ 　　(5) $2x + 3y > 1$ 　　(6) $y < -x^2 + 1$

(7) $y \leqq 2(x-1)^2$ 　　　　(8) $y > -(x-2)^2 + 2$

(9) $x^2 + 2x + 2y - 1 < 0$ 　　(10) $x^2 + y^2 \geqq 5$

(11) $(x-1)^2 + (y-1)^2 \leqq 1$ 　　(12) $x^2 - 2x + y^2 + 3y + 3 < 0$ ${}^{3)}$

---

2) 左辺を展開して整理すると，
$$x^2 + y^2 - 2ax - 2by + (a^2 + b^2 - r^2) = 0$$
このように円の方程式は
$$x^2 + y^2 + Ax + By + C = 0$$
の形で表すこともできる．

3) 左辺を x, y それぞれについて平方完成して，
$$(x-a)^2 + (y-b)^2 < r^2$$
の形に変形すればよい．

7.3 不等式の表す領域

例題 7.8 次の連立不等式の表す領域を図示せよ．

(1) $\begin{cases} y \geq x+2 & \cdots ① \\ y \leq -2x-1 & \cdots ② \end{cases}$　　(2) $\begin{cases} x+y<1 & \cdots ① \\ x>0 & \cdots ② \\ y>0 & \cdots ③ \end{cases}$

(3) $\begin{cases} y \leq -x+2 & \cdots ① \\ y \geq x^2 & \cdots ② \end{cases}$　　(4) $\begin{cases} y > 2x-1 & \cdots ① \\ x^2+y^2 < 1 & \cdots ② \end{cases}$

【解答】　(1)　①の表す領域は，直線 $y=x+2$ の上側，

②の表す領域は，直線 $y=-2x-1$ の下側．

したがって，求める領域は図の斜線部である．ただし境界を含む．

(2)　①の表す領域は，直線 $y=-x+1$ の下側，

②の表す領域は，直線 $x=0$（つまり y 軸）の右側，

③の表す領域は，直線 $y=0$（つまり x 軸）の上側．

したがって，求める領域は図の斜線部である．ただし境界を含まない．

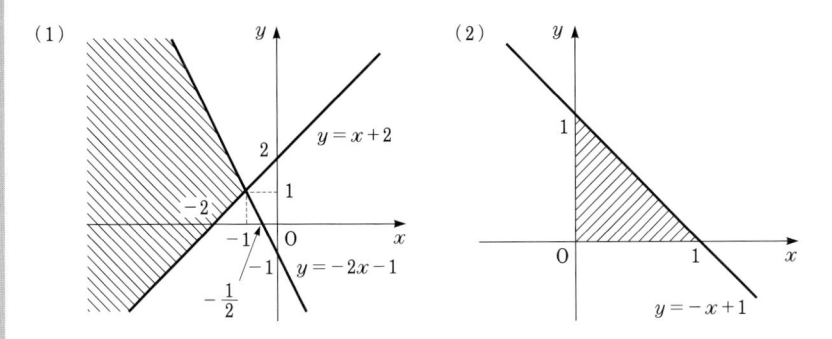

(3)　①の表す領域は，直線 $y=-x+2$ の下側，

②の表す領域は，放物線 $y=x^2$ の上側．

したがって，求める領域は図の斜線部である．ただし境界を含む．

(4)　①の表す領域は，直線 $y=2x-1$ の上側，

②の表す領域は，円 $x^2+y^2=1$ の内部．

したがって，求める領域は図の斜線部である．ただし境界を含まない．

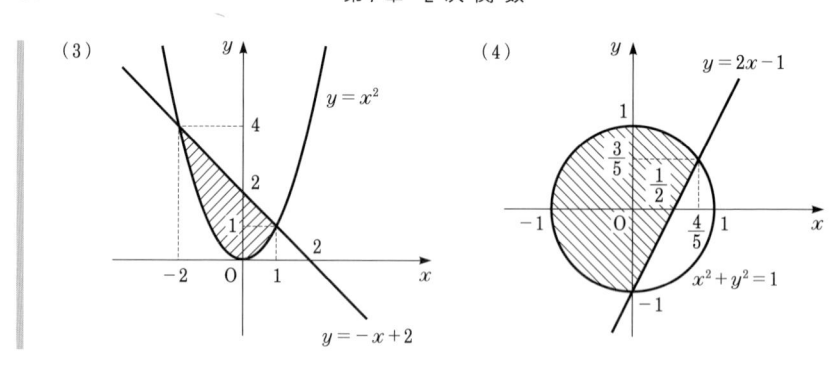

(3) [図: $y=x^2$ と $y=-x+2$ の交点 $(-2,4)$, $(1,1)$ による領域]

(4) [図: 円 $x^2+y^2=1$ と直線 $y=2x-1$ による領域]

問題 7.8 次の連立不等式の表す領域を図示せよ．

(1) $\begin{cases} y < x+1 & \cdots ① \\ y > -2x+4 & \cdots ② \end{cases}$

(2) $\begin{cases} 2x+y+3 \geqq 0 & \cdots ① \\ x-2y-1 \leqq 0 & \cdots ② \end{cases}$

(3) $\begin{cases} 2x-y+2 \geqq 0 & \cdots ① \\ x \leqq 0 & \cdots ② \\ y \geqq 0 & \cdots ③ \end{cases}$

(4) $\begin{cases} y \leqq 2x-1 & \cdots ① \\ y \geqq \dfrac{1}{2}x^2+\dfrac{1}{2} & \cdots ② \end{cases}$

(5) $\begin{cases} x+2y+1 > 0 & \cdots ① \\ x^2-2x+y-1 < 0 & \cdots ② \end{cases}$

(6) $\begin{cases} y > x^2-2 & \cdots ① \\ y < -(x+1)^2+3 & \cdots ② \end{cases}$

(7) $\begin{cases} y \geqq -x+1 & \cdots ① \\ x^2+y^2 \leqq 5 & \cdots ② \end{cases}$

(8) $\begin{cases} x+2y-2 < 0 & \cdots ① \\ x^2-4x+y^2+6y+4 > 0 & \cdots ② \end{cases}$

第8章　分数関数と無理関数

　本章では，分数関数と無理関数のグラフをかく練習をする．また，逆関数と合成関数について学ぶ．

8.1　分数関数

　$y = \dfrac{2}{x}$，$y = \dfrac{2x-3}{x+1}$，$y = \dfrac{2x^2+1}{x-2}$ のように，分数式 $\left(\dfrac{\text{整式}}{\text{整式}} \text{ の形の式}\right)$ で表される関数を**分数関数**（または**有理関数**）という．分数関数の定義域は分母が0にならないような実数全体である．例えば，$y = \dfrac{2x-3}{x+1}$ の定義域は -1 以外のすべての実数である．

　最も基本的な分数関数 $y = \dfrac{k}{x}$（$x \neq 0$）のグラフは，x 軸と y 軸を**漸近線**[1]とする**双曲線**である．

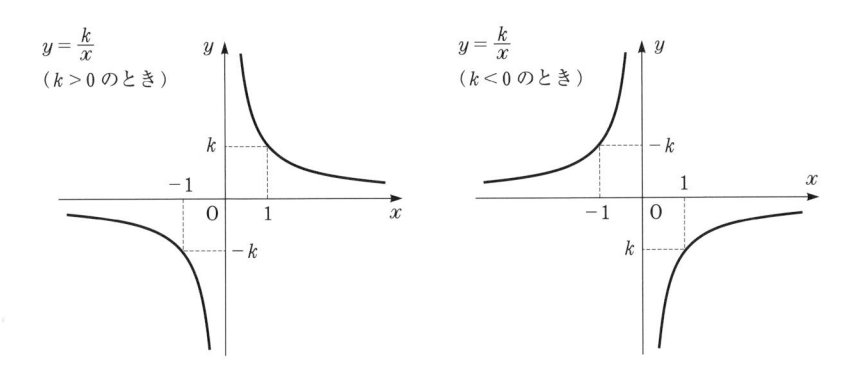

---

1) 原点から遠ざかるにつれて，グラフが限りなく近づく直線．

例題 8.1 次の分数関数のグラフをかけ．

（1） $y = -\dfrac{1}{2x}$

（2） $y = -\dfrac{1}{x-1}$

（3） $y = \dfrac{1}{x} + 1$

（4） $y = \dfrac{2}{x+2} - 1$

【解答】（1） $y = -\dfrac{1}{2x} = -\dfrac{\frac{1}{2}}{x}$ より，

（2） $y = -\dfrac{1}{x}$ を x 軸方向に 1 平行移動したグラフなので，

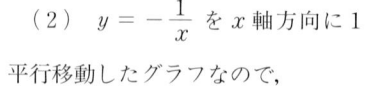

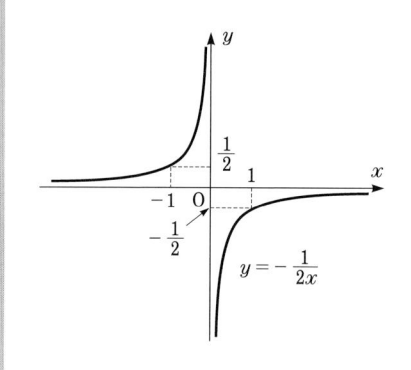

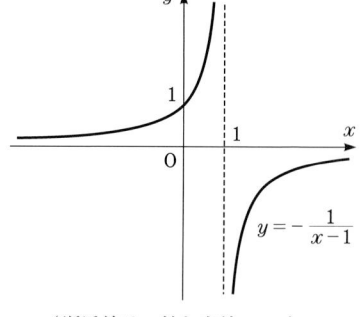

（漸近線は x 軸と直線 $x = 1$）

（3） $y = \dfrac{1}{x}$ を y 軸方向に 1 平行移動したグラフなので，

（4） $y = \dfrac{2}{x}$ を x 軸方向に -2, y 軸方向に -1 平行移動したグラフなので，

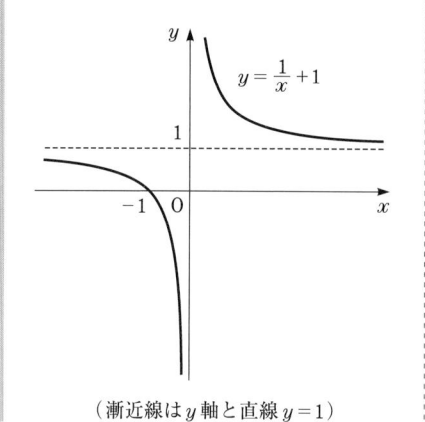

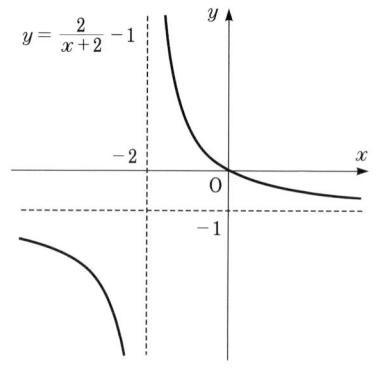

（漸近線は y 軸と直線 $y = 1$）

（漸近線は 2 直線 $x = -2$ と $y = -1$）

8.1 分数関数

問題 8.1 次の分数関数のグラフをかけ．

（1） $y = \dfrac{4}{x}$ （2） $y = -\dfrac{2}{x}$ （3） $y = -\dfrac{3}{x+2}$

（4） $y = \dfrac{2}{x} - 3$ （5） $y = \dfrac{1}{x-2} + 4$

例題 8.2 次の分数関数のグラフをかけ．

（1） $y = \dfrac{2x+1}{x+1}$ （2） $y = \dfrac{4x-1}{2x-1}$

【解答】 $y = \dfrac{k}{x-p} + q$ の形に変形すればよい．

（1） $2x+1 = 2(x+1) - 1$ より，
$$y = \frac{2x+1}{x+1} = \frac{2(x+1)-1}{x+1}$$
$$= -\frac{1}{x+1} + 2$$

よって，$y = -\dfrac{1}{x}$ のグラフを

「x 軸方向に -1，y 軸方向に 2」

だけ平行移動したグラフである．

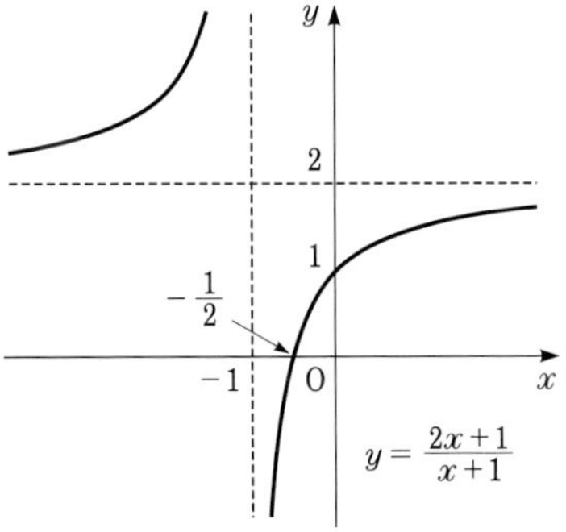

（2） $4x-1 = 2(2x-1) + 1$ より，
$$y = \frac{4x-1}{2x-1} = \frac{2(2x-1)+1}{2x-1}$$
$$= \frac{1}{2x-1} + 2 = \frac{\frac{1}{2}}{x-\frac{1}{2}} + 2$$

よって，$y = \dfrac{\frac{1}{2}}{x}$ のグラフを

「x 軸方向に $\dfrac{1}{2}$，y 軸方向に 2」

だけ平行移動したグラフである．

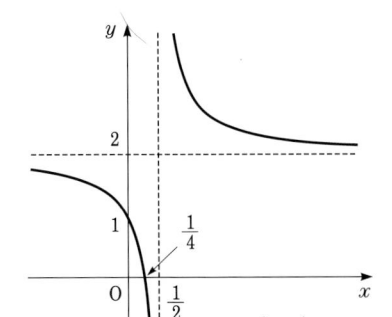

問題 8.2 次の分数関数のグラフをかけ．

（1） $y = \dfrac{x+1}{x-1}$ （2） $y = \dfrac{3x}{x+1}$

（3） $y = -\dfrac{3x-5}{x-1}$ （4） $y = \dfrac{2x+5}{2x+1}$

8.2 無理関数

$y = \sqrt{x}$, $y = \sqrt{2x-1}$, $y = \sqrt[3]{x^2+1}$ のように，無理式($\sqrt[n]{整式}$ の形の式)で表される関数を**無理関数**という．ここでは $\sqrt{整式}$ の形の関数だけを考えることにする．したがって，定義域は根号内が 0 以上になる実数全体である．例えば $y = \sqrt{2x-1}$ の定義域は $x \geqq \dfrac{1}{2}$ である．

最も基本的な無理関数 $y = \sqrt{ax}$ ($a \neq 0$) のグラフは次のようになる．

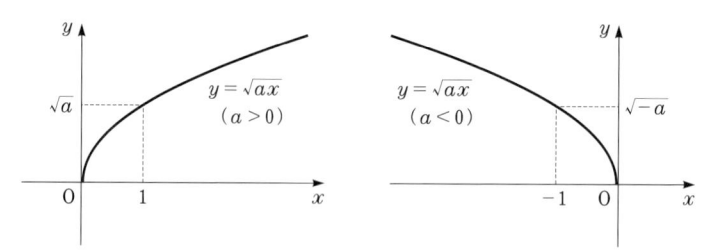

また，$y = -\sqrt{ax}$ ($a \neq 0$) のグラフは，$y = \sqrt{ax}$ のグラフと x 軸に関して対称である．

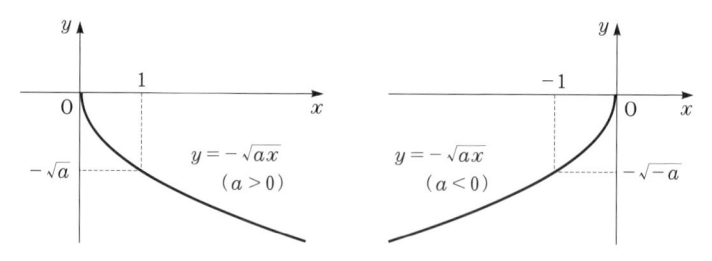

問題 8.3 次の無理関数のグラフをかけ．

(1) $y = \sqrt{2x}$ (2) $y = \sqrt{-3x}$
(3) $y = -\sqrt{x}$ (4) $y = -\sqrt{-2x}$

例題 8.3 次の無理関数のグラフをかけ．

(1) $y = \sqrt{x+1}$ (2) $y = \sqrt{-2x-1}$

【解答】(1) $y = \sqrt{x+1}$ のグラフは，$y = \sqrt{x}$ のグラフを x 軸方向に -1 だけ平行移動したものである．

(2) $\sqrt{-2x-1} = \sqrt{-2\left(x+\frac{1}{2}\right)}$ より, $y = \sqrt{-2x-1}$ のグラフは, $y = \sqrt{-2x}$ のグラフを x 軸方向に $-\frac{1}{2}$ だけ平行移動したものである.

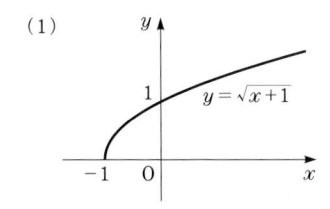

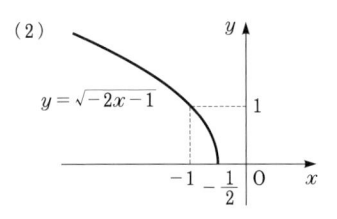

(1) ![グラフ: $y=\sqrt{x+1}$]

(2) ![グラフ: $y=\sqrt{-2x-1}$]

問題 8.4 次の無理関数のグラフをかけ.
(1) $y = \sqrt{x-2}$
(2) $y = -\sqrt{2x+1}$
(3) $y = -\sqrt{-3x+1}$
(4) $y = \sqrt{3-2x}$

8.3 逆関数と合成関数

逆関数

1 次関数
$$y = 2x + 1$$
において, この式を x について解くと $x = \frac{1}{2}y - \frac{1}{2}$ となるので, x は y の (1次)関数と考えられる. この式の x と y を入れ換えて得られる関数
$$y = \frac{1}{2}x - \frac{1}{2}$$
を $y = 2x + 1$ の**逆関数**とよぶ.

$$\boxed{y = 2x + 1} \iff x = \frac{1}{2}y - \frac{1}{2} \quad x \succeq y \text{ を入れ換えて} \quad \boxed{y = \frac{1}{2}x - \frac{1}{2}} \quad \text{逆関数}$$

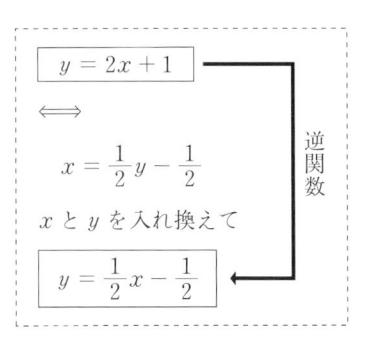

一般に, 関数 $y = f(x)$ において, 各値 y_0 に対し $f(x_0) = y_0$ をみたす値 x_0 が ただ1つ定まるとき[2], x は y の関数となる. この関数を $x = f^{-1}(y)$ と表し, さらに x と y を入れ換えて得られる関数 $y = f^{-1}(x)$ を $y = f(x)$ の**逆関数**と呼ぶ.

---

2) このとき, $y = f(x)$ を1対1の関数と呼ぶ.

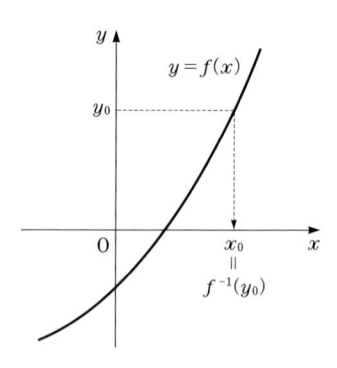

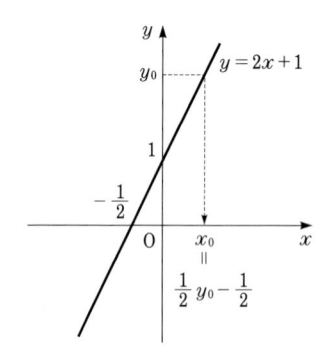

例題 8.4 次の関数の逆関数を求めよ．

(1) $y = -2x + 1$ (2) $y = \dfrac{1}{x-1}$

(3) $y = x^2 \quad (x \geqq 0)$

【解答】 x について解いてから，x と y を入れ換えればよい．

(1) $y = -2x + 1$ を x について解くと，$2x = -y + 1$ より $x = -\dfrac{1}{2}y + \dfrac{1}{2}$ となる．よって，求める逆関数は $y = -\dfrac{1}{2}x + \dfrac{1}{2}$

(2) $y = \dfrac{1}{x-1}$ を x について解くと，$x - 1 = \dfrac{1}{y}$ より $x = \dfrac{1}{y} + 1$ となる．よって，求める逆関数は $y = \dfrac{1}{x} + 1$

(3) $y = x^2$ を x について解くと $x = \pm\sqrt{y}$ であり，$x \geqq 0$ なので $x = \sqrt{y}$ となる．よって，求める逆関数は $y = \sqrt{x}$

【参考】 例題 8.4 の関数とその逆関数のグラフは下のようになる． ■

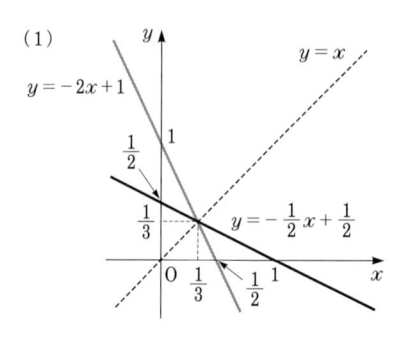

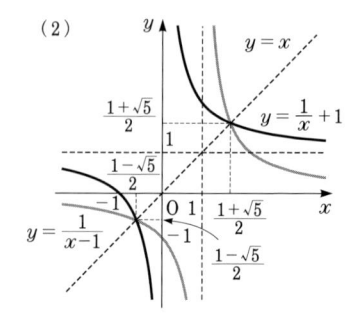

(3)

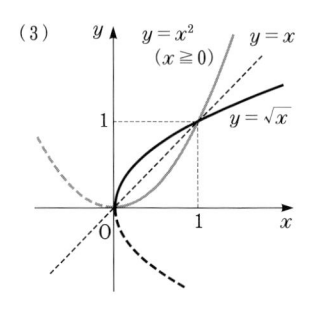

【コメント】 （ⅰ）上のグラフからわかるように，$y = f(x)$ のグラフと逆関数 $y = f^{-1}(x)$ のグラフは直線 $y = x$ に関して対称である．

（ⅱ）上の (3) の関数 $y = x^2$ について，もし定義域の制限（$x \geq 0$）をしなければ，一般に値 y_0 に対して $x_0^2 = y_0$ となる値 x_0 は 1 つに定まらない（例えば，$x_0^2 = 1$ となる x_0 は ± 1 の 2 つある）ので，逆関数は存在しない． ∎

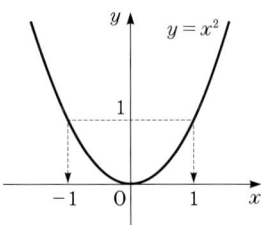

問題 8.5 次の関数の逆関数を求めよ．

（1）$y = \dfrac{1}{3}x - 1$ （2）$y = \dfrac{1}{x} + 2$

（3）$y = -x^2 + 1$ （$x \geq 0$） （4）$y = \sqrt{2x - 1}$

合成関数

y が u の関数 $y = u^2$ で，u が x の関数 $u = x + 1$ であるとき，y は x の関数として $y = (x + 1)^2$ と表すことができる．

$$x \longrightarrow x + 1 \longrightarrow (x + 1)^2$$
$$(u \longrightarrow u^2)$$

$$x \xrightarrow{g} g(x) \xrightarrow{f} f(g(x))$$
$$(u \xrightarrow{f} f(u))$$

一般に，y が u の関数 $y = f(u)$ で，u が x の関数 $u = g(x)$ であるとき，$y = f(g(x))$ と表される．この関数を，g と f の**合成関数**と呼ぶ[3]．

---

3) $f(g(x))$ を $(f \circ g)(x)$ と表すこともある．

例題 8.5

次の $f(x), g(x)$ に対し，合成関数 $f(g(x))$ と $g(f(x))$ を求めよ．

(1) $f(x) = x^2 - 1$, $g(x) = 2x$

(2) $f(x) = \dfrac{1}{x}$, $g(x) = 3x + 1$

【解答】 (1) $f(g(x)) = f(2x)$
$= (2x)^2 - 1 = 4x^2 - 1$
$g(f(x)) = g(x^2 - 1)$
$= 2(x^2 - 1) = 2x^2 - 2$

$$x \xrightarrow{g} 2x \xrightarrow{f} (2x)^2 - 1$$
$$x \xrightarrow{f} x^2 - 1 \xrightarrow{g} 2(x^2 - 1)$$

(2) $f(g(x)) = f(3x + 1)$
$= \dfrac{1}{3x + 1}$
$g(f(x)) = g\left(\dfrac{1}{x}\right)$
$= 3 \cdot \dfrac{1}{x} + 1 = \dfrac{3}{x} + 1$

$$x \xrightarrow{g} 3x + 1 \xrightarrow{f} \dfrac{1}{3x + 1}$$
$$x \xrightarrow{f} \dfrac{1}{x} \xrightarrow{g} \dfrac{3}{x} + 1$$

【注意】 このように，一般に合成関数 $f(g(x))$ と $g(f(x))$ とは一致しない．

問題 8.6 次の $f(x), g(x)$ に対し，合成関数 $f(g(x))$ と $g(f(x))$ を求めよ．

(1) $f(x) = (x - 1)^2$, $g(x) = -2x + 1$

(2) $f(x) = \dfrac{2}{x + 1}$, $g(x) = \dfrac{1}{2}x + 1$

一般に，関数 $y = f(x)$ とその逆関数 $y = f^{-1}(x)$ について，

$$\boxed{f(f^{-1}(x)) = x}$$

が成り立つ[4]．例えば，$f(x) = x^2$ ($x \geq 0$) のとき，$f^{-1}(x) = \sqrt{x}$ であり，
$f(f^{-1}(x)) = f(\sqrt{x}) = (\sqrt{x})^2 = x$

問題 8.7 $f(x) = \dfrac{1}{x - 1}$ のとき，$f(f^{-1}(x)) = x$ が成り立つことを確かめよ．

---

[4] $\boxed{f^{-1}(f(x)) = x}$ も成り立つ．例えば，$f(x) = x^2$ ($x \geq 0$) のとき，
$f^{-1}(f(x)) = f^{-1}(x^2) = \sqrt{x^2} = |x| = x$

第 9 章　指数関数

　本章では，指数法則を使って，有理数を指数とするような数を含む式を計算する練習をし，指数関数のグラフの形を学ぶ．

9.1　指数の拡張

　a と自然数 n, m に対し，

$$a^0 = 1, \quad a^{-n} = \frac{1}{a^n}, \quad a^{\frac{m}{n}} = \sqrt[n]{a^m} \quad (a^{\frac{m}{2}} = \sqrt{a^m})$$

と定める．したがって，$a^{-\frac{m}{n}} = \dfrac{1}{a^{\frac{m}{n}}} = \dfrac{1}{\sqrt[n]{a^m}}$ が成り立つ．

　$a \times a = a^2,\ a^2 \times a = a^3,\ a^3 \times a = a^4,\ \cdots$ より，次が成り立つ．
$$a^n \times a = a^{n+1} \quad (n = 1, 2, 3, \cdots)$$
この規則が $n = 0, -1, -2, \cdots$ に対しても成り立つように，
$$a^0 = 1, \quad a^{-1} = \frac{1}{a}, \quad a^{-2} = \frac{1}{a^2}, \quad \cdots$$
と定めるのである．

$$\cdots\cdots \underset{\div a}{\overset{\times a}{\rightleftarrows}} \underset{\substack{\| \\ \frac{1}{a^2}}}{a^{-2}} \underset{\div a}{\overset{\times a}{\rightleftarrows}} \underset{\substack{\| \\ \frac{1}{a}}}{a^{-1}} \underset{\div a}{\overset{\times a}{\rightleftarrows}} \underset{\substack{\| \\ 1}}{a^0} \underset{\div a}{\overset{\times a}{\rightleftarrows}} \underset{\substack{\| \\ a}}{a^1} \underset{\div a}{\overset{\times a}{\rightleftarrows}} a^2 \underset{\div a}{\overset{\times a}{\rightleftarrows}} \cdots\cdots$$

例題 9.1　次の式を a^p の形に表せ．

(1) $\sqrt[3]{a^2}$　　　　(2) $\dfrac{1}{\sqrt[4]{a^3}}$　　　　(3) $\sqrt[5]{a^{-1}}$

【解答】（1）$\sqrt[3]{a^2} = a^{\frac{2}{3}}$　　　（2）$\dfrac{1}{\sqrt[4]{a^3}} = \dfrac{1}{a^{\frac{3}{4}}} = a^{-\frac{3}{4}}$

（3）$\sqrt[5]{a^{-1}} = \sqrt[5]{\dfrac{1}{a}} = \dfrac{1}{\sqrt[5]{a}} = \dfrac{1}{a^{\frac{1}{5}}} = a^{-\frac{1}{5}}$

問題 9.1 次の式を a^p の形に表せ．

（1）$\sqrt[4]{a}$　　　（2）$\sqrt[3]{a^4}$　　　（3）$\dfrac{1}{\sqrt[5]{a^2}}$　　　（4）$\dfrac{1}{\sqrt{a^{-3}}}$

一般に，指数が有理数のときも指数法則（**0.2**節参照）が成り立つ．つまり，$a > 0$, $b > 0$ と有理数 p, q に対し，次が成り立つ[1]．

指数法則

（i）　$a^p a^q = a^{p+q}$,　　$\dfrac{a^p}{a^q} = a^{p-q}$

（ii）　$(a^p)^q = a^{pq}$

（iii）　$(ab)^p = a^p b^p$,　　$\left(\dfrac{a}{b}\right)^p = \dfrac{a^p}{b^p}$

例題 9.2 次の計算をせよ．

（1）$3^{\frac{2}{3}} \times 3^{\frac{1}{12}} \div 3^{\frac{1}{4}}$　　　　　　（2）$(8^{\frac{1}{2}})^{-\frac{2}{3}}$

（3）$(8 \times 27)^{\frac{2}{3}}$　　　　　　（4）$10^{\frac{2}{3}} \div 5^{\frac{1}{3}} \times \left(\dfrac{5}{2}\right)^{\frac{1}{6}}$

【解答】（1）指数法則 (i) を使って，
$$3^{\frac{2}{3}} \times 3^{\frac{1}{12}} \div 3^{\frac{1}{4}} = 3^{\frac{2}{3}+\frac{1}{12}-\frac{1}{4}} = 3^{\frac{1}{2}} = \sqrt{3}$$

（2）指数法則 (ii) を使って，
$$(8^{\frac{1}{2}})^{-\frac{2}{3}} = \{(2^3)^{\frac{1}{2}}\}^{-\frac{2}{3}} = (2^{3 \cdot \frac{1}{2}})^{-\frac{2}{3}} = 2^{3 \cdot \frac{1}{2} \cdot (-\frac{2}{3})} = 2^{-1} = \dfrac{1}{2}$$

（3）指数法則 (ii), (iii) を使って，
$$(8 \times 27)^{\frac{2}{3}} = (2^3 \cdot 3^3)^{\frac{2}{3}} = (2^3)^{\frac{2}{3}}(3^3)^{\frac{2}{3}} = 2^{3 \cdot \frac{2}{3}} \cdot 3^{3 \cdot \frac{2}{3}} = 2^2 \cdot 3^2 = 4 \cdot 9 = 36$$

（4）指数法則 (i), (iii) を使って，

---

[1] 実は，指数法則は実数 p, q に対して成り立つ．

$$10^{\frac{2}{3}} \div 5^{\frac{1}{3}} \times \left(\frac{5}{2}\right)^{\frac{1}{6}} = (2 \cdot 5)^{\frac{2}{3}} \cdot 5^{-\frac{1}{3}} \cdot \frac{5^{\frac{1}{6}}}{2^{\frac{1}{6}}} = 2^{\frac{2}{3}} \cdot 5^{\frac{2}{3}} \cdot 5^{-\frac{1}{3}} \cdot 5^{\frac{1}{6}} \cdot 2^{-\frac{1}{6}}$$
$$= 2^{\frac{2}{3}-\frac{1}{6}} \cdot 5^{\frac{2}{3}-\frac{1}{3}+\frac{1}{6}} = 2^{\frac{1}{2}} \cdot 5^{\frac{1}{2}} = 10^{\frac{1}{2}} = \sqrt{10}$$

問題 9.2 次の計算をせよ．

(1) $5^{\frac{1}{3}} \times 5^{-\frac{3}{2}} \div 5^{-\frac{1}{6}}$
(2) $(243^{-\frac{2}{3}})^{\frac{3}{5}}$
(3) $\left(\frac{16}{9}\right)^{\frac{3}{2}}$
(4) $6^{\frac{3}{4}} \times 12^{-\frac{1}{3}} \div \left(\frac{3}{2}\right)^{\frac{1}{6}}$

例題 9.3 次の式を a^p または $a^p b^q$ の形に表せ．

(1) $a \times \sqrt{a} \div \sqrt[3]{a}$
(2) $\sqrt[4]{a^3} \div \sqrt{a^3} \times \sqrt[6]{a^5}$
(3) $\dfrac{\sqrt{ab} \times b}{\sqrt[3]{ab} \times a}$
(4) $\sqrt[3]{ab^3} \times \dfrac{\sqrt[4]{a^3 b}}{\sqrt{a^2 b^4}}$

【解答】 (1) $a \times \sqrt{a} \div \sqrt[3]{a} = a^1 \times a^{\frac{1}{2}} \div a^{\frac{1}{3}} = a^{1+\frac{1}{2}-\frac{1}{3}} = a^{\frac{7}{6}}$

(2) $\sqrt[4]{a^3} \div \sqrt{a^3} \times \sqrt[6]{a^5} = a^{\frac{3}{4}} \div a^{\frac{3}{2}} \times a^{\frac{5}{6}} = a^{\frac{3}{4}-\frac{3}{2}+\frac{5}{6}} = a^{\frac{1}{12}}$

(3) $\dfrac{\sqrt{ab} \times b}{\sqrt[3]{ab} \times a} = \dfrac{(ab)^{\frac{1}{2}} \times b}{(ab)^{\frac{1}{3}} \times a} = \dfrac{a^{\frac{1}{2}} b^{\frac{1}{2}} \times b^1}{a^{\frac{1}{3}} b^{\frac{1}{3}} \times a^1} = a^{\frac{1}{2}-\frac{1}{3}-1} b^{\frac{1}{2}+1-\frac{1}{3}} = a^{-\frac{5}{6}} b^{\frac{7}{6}}$

(4) $\sqrt[3]{ab^3} \times \dfrac{\sqrt[4]{a^3 b}}{\sqrt{a^2 b^4}} = (ab^3)^{\frac{1}{3}} \times \dfrac{(a^3 b)^{\frac{1}{4}}}{(a^2 b^4)^{\frac{1}{2}}} = a^{\frac{1}{3}} b \times \dfrac{a^{\frac{3}{4}} b^{\frac{1}{4}}}{ab^2} = a^{\frac{1}{3}+\frac{3}{4}-1} b^{1+\frac{1}{4}-2}$
$$= a^{\frac{1}{12}} b^{-\frac{3}{4}}$$

問題 9.3 次の式を a^p または $a^p b^q$ の形に表せ．

(1) $\sqrt[4]{a} \div a^2 \times \sqrt{a^3}$
(2) $\sqrt[3]{a^4} \times (\sqrt[4]{a})^3 \div \sqrt{a^5}$
(3) $\dfrac{a\sqrt{b} \times b\sqrt{a}}{\sqrt[3]{a} \times \sqrt[4]{b}}$
(4) $\dfrac{\sqrt[4]{a^2 b}}{\sqrt[3]{ab}} \times \sqrt[3]{a^3 b^2}$

9.2 指数関数のグラフ

$a > 0$ ($a \neq 1$) のとき，関数 $y = a^x$ を，a を**底**とする**指数関数**という．指数関数の定義域は実数全体，値域は正の実数全体である．指数関数のグラフは，

$a>1$ のときは 右上がり, $0<a<1$ のときは 右下がりの曲線である.いずれの場合にも点 $(0,1)$ を通り,漸近線は x 軸である.

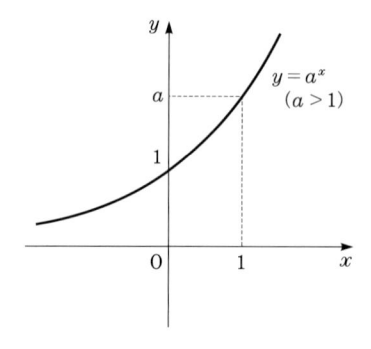

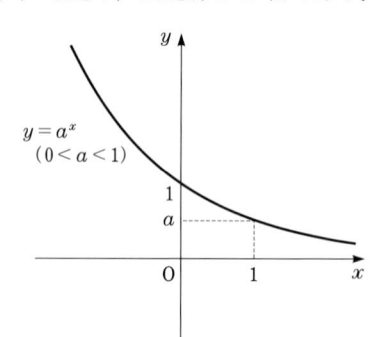

例 9.1 指数関数 $y=2^x$ のグラフと $y=\left(\dfrac{1}{2}\right)^x$ のグラフは,y 軸に関して対称である. ■

【コメント】 一般に,指数関数 $y=a^x$ のグラフと $y=\left(\dfrac{1}{a}\right)^x$ のグラフは,y 軸に関して対称である. ■

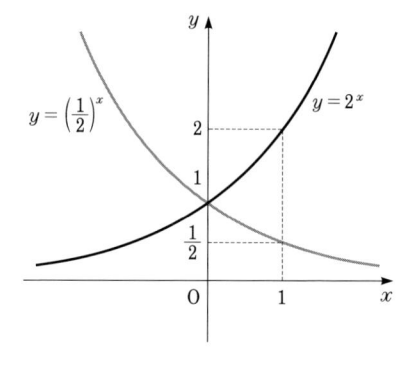

問題 9.4 指数関数 $y=3^x$ と $y=\left(\dfrac{1}{3}\right)^x$ のグラフをかけ.

第 10 章　対数関数

本章では，対数の性質や底の変換公式を使って，対数を含む式を計算する練習をし，対数関数のグラフの形を学ぶ．

10.1　対　数

指数関数 $y = a^x$（$a > 0$, $a \neq 1$）のグラフから，各 $M > 0$ に対し，$a^p = M$ をみたす値 p がただ 1 つ定まる．この p を $\log_a M$ と表し，a を**底**とする M の**対数**という．また M を $\log_a M$ の**真数**という．$M = a^p > 0$ より，

「真数 M は常に正」

である．

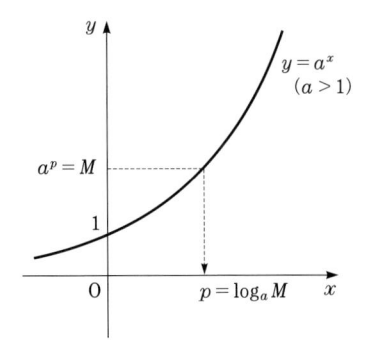

【コメント】 $\log_a M$ は

「a を何乗したら M になるか？」

という数である!! [1]　　■

$$M = a^p \iff \log_a M = p$$

例題 10.1　次の等式を $\log_a M = p$ の形に書き換えよ．

(1)　$81 = 3^4$　　　(2)　$1000 = 10^3$　　　(3)　$\dfrac{1}{2} = 8^{-\frac{1}{3}}$

【解答】　$M = a^p \Leftrightarrow \log_a M = p$ に従って書き換える．

---

1)　したがって，$\boxed{a^{\log_a M} = M}$ が成り立つ．このことは，$\log_a M = p$ とおくと $M = a^p = a^{\log_a M}$ であることからも確かめられる．

(1) $\log_3 81 = 4$　　(2) $\log_{10} 1000 = 3$　　(3) $\log_8 \dfrac{1}{2} = -\dfrac{1}{3}$

問題 10.1　次の等式を $\log_a M = p$ の形に書き換えよ．

(1) $64 = 4^3$　　(2) $0.01 = 10^{-2}$　　(3) $8 = 16^{\frac{3}{4}}$

$M = a^p$ のとき，$\log_a M = p$ であるから，

$$\boxed{\log_a a^p = p}$$

が成り立つことに注意しよう．

例題 10.2　次の値を求めよ．

(1) $\log_2 8$　　(2) $\log_5 \dfrac{1}{25}$　　(3) $\log_6 \sqrt{6}$　　(4) $\log_4 1$

【解答】 真数を a^p の形にして，$\log_a a^p = p$ を使えばよい．

(1) $\log_2 8 = \log_2 2^3 = 3$

(2) $\log_5 \dfrac{1}{25} = \log_5 \dfrac{1}{5^2} = \log_5 5^{-2} = -2$

(3) $\log_6 \sqrt{6} = \log_6 6^{\frac{1}{2}} = \dfrac{1}{2}$

(4) $4^0 = 1$ より，$\log_4 1 = \log_4 4^0 = 0$

問題 10.2　次の値を求めよ．

(1) $\log_3 27$　　(2) $\log_2 \dfrac{1}{16}$　　(3) $\log_5 5\sqrt{5}$

(4) $\log_3 \dfrac{1}{\sqrt{3}}$　　(5) $\log_{10} 0.001$　　(6) $\log_{\sqrt{2}} 2$

対数の性質

$a^0 = 1$，$a^1 = a$ より，

$$\boxed{\log_a 1 = 0, \quad \log_a a = 1}$$

が成り立つ．また指数法則（**9.1**節参照）から，$a > 0$（$a \neq 1$），$M > 0$，$N > 0$ と有理数 r に対して次が成り立つ[2]．

---

2) 実は，対数の性質 (iii) は実数 r に対して成り立つ（**9.1**節の脚注 1) 参照）．

10.1 対　数

対数の性質

（ⅰ）　$\log_a MN = \log_a M + \log_a N$

（ⅱ）　$\log_a \dfrac{M}{N} = \log_a M - \log_a N$

（ⅲ）　$\log_a M^r = r \log_a M$

【解説】　$\log_a M = p,\ \log_a N = q$ とおくと，$M = a^p,\ N = a^q$ である．

（ⅰ）　$\log_a MN = \log_a a^p a^q = \log_a a^{p+q} = p + q = \log_a M + \log_a N$

（ⅱ）　$\log_a \dfrac{M}{N} = \log_a \dfrac{a^p}{a^q} = \log_a a^{p-q} = p - q = \log_a M - \log_a N$

（ⅲ）　$\log_a M^r = \log_a (a^p)^r = \log_a a^{pr} = pr = (\log_a M) \cdot r = r \log_a M$　■

例題 10.3　次の計算をせよ．

（1）　$\log_2 20 + \log_2 \dfrac{8}{5}$　　　　（2）　$\log_6 63 - \log_6 \dfrac{7}{4}$

（3）　$\log_3 \sqrt{27}$

【解答】　（1）　対数の性質（ⅰ）を使って，
$$\log_2 20 + \log_2 \dfrac{8}{5} = \log_2 \left(20 \cdot \dfrac{8}{5}\right) = \log_2 32 = \log_2 2^5 = 5$$

（2）　対数の性質（ⅱ）を使って，
$$\log_6 63 - \log_6 \dfrac{7}{4} = \log_6 \left(63 \div \dfrac{7}{4}\right) = \log_6 \left(63 \cdot \dfrac{4}{7}\right) = \log_6 36 = \log_6 6^2 = 2$$

（3）　対数の性質（ⅲ）を使って，
$$\log_3 \sqrt{27} = \log_3 27^{\frac{1}{2}} = \dfrac{1}{2} \log_3 27 = \dfrac{1}{2} \log_3 3^3 = \dfrac{3}{2}$$

問題 10.3　次の計算をせよ．

（1）　$\log_{10} 90 + \log_{10} 20 - \log_{10} 18$　　（2）　$\log_3 27 - \log_3 3\sqrt{3}$

（3）　$\log_2 \sqrt{3} + 3 \log_2 \sqrt{2} - \dfrac{1}{2} \log_2 6$　（4）　$\log_5 375 + \dfrac{1}{3} \log_5 \sqrt{5} - \log_5 15$

（5）　$\log_2 \sqrt{128}$　　　　　　　　　　（6）　$\log_3 \sqrt[3]{24} - \log_3 \sqrt{12}$

底の異なる対数の計算には，次の公式を用いて底をそろえるとよい（a, b, c は正の数で，$a \neq 1,\ c \neq 1$ とする）．

第10章 対数関数

底の変換公式

$$\log_a b = \frac{\log_c b}{\log_c a}$$

【解説】 $\log_a b = p$ とおくと $b = a^p$ なので，

$\log_c b = \log_c a^p = p \log_c a$ ∴ $\dfrac{\log_c b}{\log_c a} = \dfrac{p \log_c a}{\log_c a} = p = \log_a b$ ∎

例題 10.4 次の対数を，底が 10 の対数で表せ．

（1） $\log_3 7$ （2） $\log_4 10$

【解答】（1） 底の変換公式で $a = 3$, $b = 7$, $c = 10$ とすると，$\log_3 7 = \dfrac{\log_{10} 7}{\log_{10} 3}$

（2） 底の変換公式で $a = 4$, $b = 10$, $c = 10$ とすると，

$\log_4 10 = \dfrac{\log_{10} 10}{\log_{10} 4} = \dfrac{1}{\log_{10} 4} \left(= \dfrac{1}{2\log_{10} 2} \right)$

問題 10.4 次の対数を，底が 10 の対数で表せ．

（1） $\log_2 3$ （2） $\log_3 100$

例題 10.5 次の計算をせよ．

（1） $\log_9 27$ （2） $\log_2 9 \cdot \log_3 2$ （3） $\log_2 10 - \log_4 25$

【解答】（1） $\log_9 27 = \dfrac{\log_3 27}{\log_3 9} = \dfrac{\log_3 3^3}{\log_3 3^2} = \dfrac{3}{2}$

（2） $\log_2 9 \cdot \log_3 2 = \log_2 9 \cdot \dfrac{\log_2 2}{\log_2 3} = \log_2 3^2 \cdot \dfrac{1}{\log_2 3} = 2\log_2 3 \cdot \dfrac{1}{\log_2 3}$
$= 2$

（3） $\log_2 10 - \log_4 25 = \log_2 10 - \dfrac{\log_2 25}{\log_2 4} = \log_2 10 - \dfrac{\log_2 5^2}{\log_2 2^2}$
$= \log_2 10 - \dfrac{2\log_2 5}{2} = \log_2 10 - \log_2 5 = \log_2 \dfrac{10}{5} = \log_2 2 = 1$

問題 10.5 次の計算をせよ．

（1） $\log_{16} 8$ （2） $\log_4 3 \cdot \log_3 8$

（3） $\dfrac{\log_8 4}{\log_2 32}$ （4） $\log_3 \dfrac{9}{2} + \log_9 12$

10.2 対数関数のグラフ

$a > 0$（$a \neq 1$）のとき，$y = \log_a x$ を，aを**底**とする**対数関数**という．対数関数の定義域は正の実数全体，値域は実数全体である．対数関数 $y = \log_a x$ は指数関数 $y = a^x$ の逆関数（**8.3**節参照）である．したがって，$y = \log_a x$

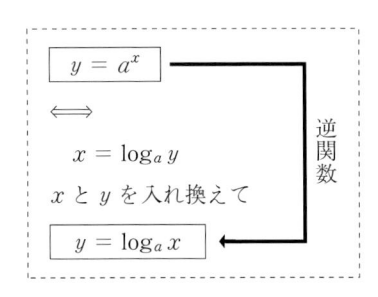

$$
\boxed{y = a^x} \\
\Longleftrightarrow \\
x = \log_a y \\
x \text{ と } y \text{ を入れ換えて} \\
\boxed{y = \log_a x}
$$

逆関数

のグラフは，直線 $y = x$ に関して $y = a^x$ のグラフと対称である．また，常に点 $(1, 0)$ を通り，漸近線は y 軸である．

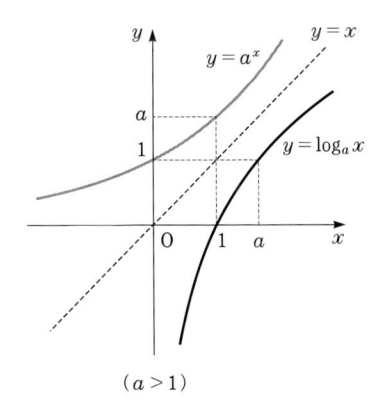

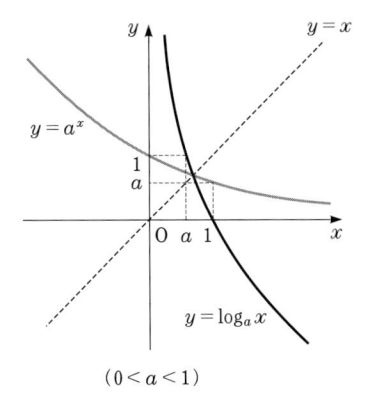

（$a > 1$） 　　　　　（$0 < a < 1$）

例 10.1 対数関数 $y = \log_2 x$ のグラフと $y = \log_{\frac{1}{2}} x$ のグラフは x 軸に関して対称である． ■

【コメント】 一般に，対数関数 $y = \log_a x$ のグラフと $y = \log_{\frac{1}{a}} x$ のグラフは，x 軸に関して対称である． ■

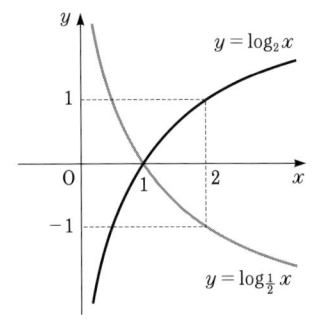

問題 10.6 対数関数 $y = \log_3 x$ と $y = \log_{\frac{1}{3}} x$ のグラフをかけ．

第11章 三角関数

この章は，角度を表す単位としてのラジアンと度の関係および，三角関数の間に成り立ついくつかの基本的な関係式について理解することを目的とする．

11.1 三角比

右の図の直角三角形において，3つの比
$$\sin\theta = \frac{a}{c}, \quad \cos\theta = \frac{b}{c}, \quad \tan\theta = \frac{a}{b}$$
をそれぞれ，**正弦**または**サイン**（sine），**余弦**または**コサイン**（cosine），**正接**または**タンジェント**（tangent）という．これらをまとめて，**三角比**と呼ぶ．

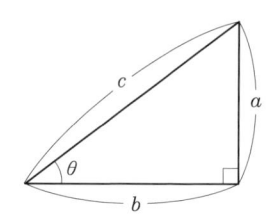

例 11.1 右の図の直角三角形において，
$$\sin\theta = \frac{3}{5}, \quad \cos\theta = \frac{4}{5}, \quad \tan\theta = \frac{3}{4} \quad \blacksquare$$

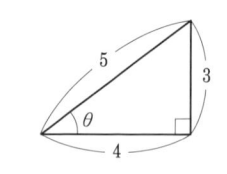

問題 11.1 右の直角三角形において，次の三角比の値を求めよ．

$\sin\alpha, \quad \cos\alpha, \quad \tan\alpha$

$\sin\beta, \quad \cos\beta, \quad \tan\beta$

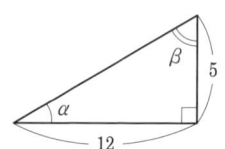

例題 11.1 次の三角比の値を求めよ．

$\sin 30°, \quad \cos 30°, \quad \tan 60°, \quad \sin 45°, \quad \cos 45°$

【解答】 30°，45°，60° の三角比の値は特別な直角三角形の辺の比により求めることができる．

$\sin 30° = \dfrac{1}{2}$

$\cos 30° = \dfrac{\sqrt{3}}{2}$

$\tan 60° = \sqrt{3}$

$\sin 45° = \dfrac{1}{\sqrt{2}}$

$\cos 45° = \dfrac{1}{\sqrt{2}}$

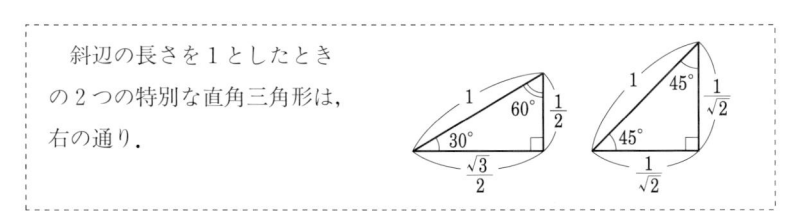

斜辺の長さを1としたときの2つの特別な直角三角形は，右の通り．

問題 11.2 次の三角比の値を求めよ．

$\sin 60°$，　$\cos 60°$，　$\tan 30°$，　$\tan 45°$

11.2 弧度法

角の大きさを表す単位を新しく導入する．

$$180\,(度) = \pi\,(ラジアン) \iff a\,(度) = \dfrac{a\pi}{180}\,(ラジアン)$$

このような角度の表し方を**弧度法**[1]という．以後，単位のラジアンは省略する．

例 11.2 度数法と弧度法の対応表は次のようになる．　■

度数法	0°	30°	45°	60°	90°	120°	135°	150°	180°	270°	360°
弧度法	0	$\dfrac{\pi}{6}$	$\dfrac{\pi}{4}$	$\dfrac{\pi}{3}$	$\dfrac{\pi}{2}$	$\dfrac{2}{3}\pi$	$\dfrac{3}{4}\pi$	$\dfrac{5}{6}\pi$	π	$\dfrac{3}{2}\pi$	2π

---

1) 半径1の円の弧長によって角の大きさを表す方法である（次ページの図を参照）．

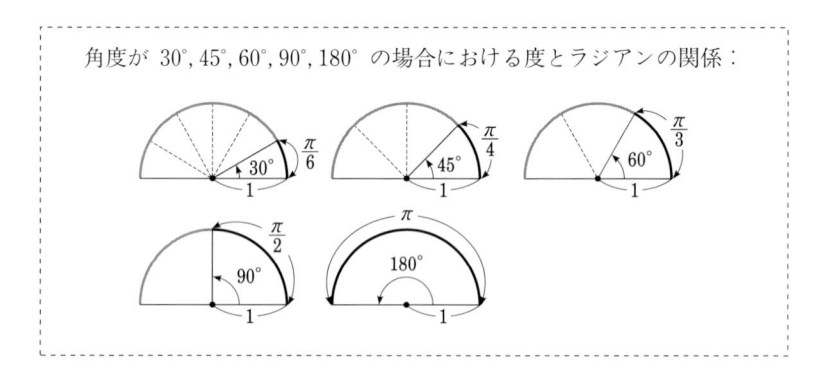

第11章 三角関数

> 角度が $30°, 45°, 60°, 90°, 180°$ の場合における度とラジアンの関係：

例題 11.2 次の角を，度はラジアンに，ラジアンは度に書き直せ．

$$15°, \quad 70°, \quad \frac{7}{4}\pi, \quad \frac{5}{12}\pi$$

【解答】 $180° = \pi$ という関係式を用いて，与えられた角度を度数法から弧度法へ，弧度法から度数法へと変換する．

$$15° = \frac{15}{180}\pi = \frac{\pi}{12}, \qquad 70° = \frac{70}{180}\pi = \frac{7}{18}\pi$$

$$\frac{7}{4}\pi = \frac{7}{4} \times 180° = 315°, \qquad \frac{5}{12}\pi = \frac{5}{12} \times 180° = 75°$$

問題 11.3 次の角を，度はラジアンに，ラジアンは度に書き直せ．

$$35°, \quad 140°, \quad \frac{3}{4}\pi, \quad \frac{5}{3}\pi$$

例題 11.3 次の値を求めよ．

$$\sin\frac{\pi}{6}, \quad \cos\frac{\pi}{6}, \quad \tan\frac{\pi}{6}, \quad \sin\frac{\pi}{4}, \quad \cos\frac{\pi}{4}, \quad \tan\frac{\pi}{4}$$

【解答】 $\frac{\pi}{6} = \frac{1}{6} \times 180° = 30°$, $\frac{\pi}{4} = \frac{1}{4} \times 180° = 45°$ より

$$\sin\frac{\pi}{6} = \frac{1}{2}, \qquad \cos\frac{\pi}{6} = \frac{\sqrt{3}}{2}, \qquad \tan\frac{\pi}{6} = \frac{1}{\sqrt{3}}$$

$$\sin\frac{\pi}{4} = \frac{1}{\sqrt{2}}, \qquad \cos\frac{\pi}{4} = \frac{1}{\sqrt{2}}, \qquad \tan\frac{\pi}{4} = 1$$

問題 11.4 次の値を求めよ．

$$\sin\frac{\pi}{3}, \quad \cos\frac{\pi}{3}, \quad \tan\frac{\pi}{3}$$

11.3 三角関数

一般角

平面上で，定点 O を中心に回転する半直線 OP を考える．このとき，回転する半直線 OP を**動径**といい，その最初の位置 OX を**始線**という．

動径の回転する向きは 2 通りある．時計の針の回転と反対向きに回るときは**正の角**とする．時計の針の回転と同じ向きに回るときは**負の角**とする．回転する向きや 360°以上回転する場合も考えた角を**一般角**という．

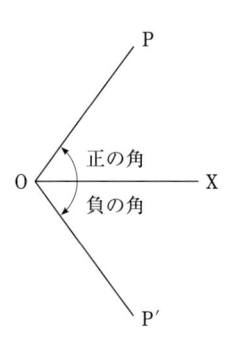

例 11.3 120°, 450°, −300°の角を図示すると次のようになる． ∎

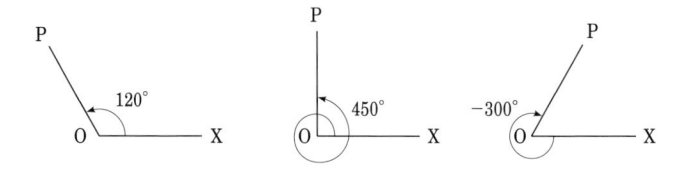

一般角の三角関数

点 O を原点とする座標平面上で，x 軸の正の部分を始線 OX とし，角 θ の動径を OP とする．点 P が，原点 O を中心とする半径 1 の円（**単位円**）の周上にあり，その座標を (p, q) とするとき，

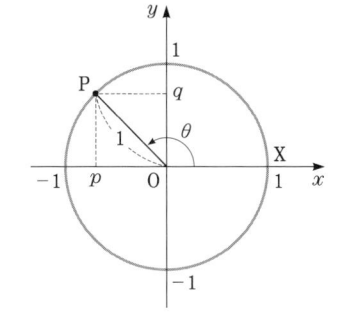

$$\sin\theta = q, \quad \cos\theta = p, \quad \tan\theta = \frac{q}{p}$$

と定める．つまり，点 P の座標は

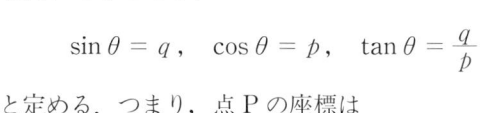

$$P(\cos\theta, \sin\theta)$$

になる．このように定義すると，$\sin\theta$（正弦），$\cos\theta$（余弦），$\tan\theta$（正接）は θ の関数である．これらをまとめて θ の**三角関数**という．

点 $P(\cos\theta, \sin\theta)$ は単位円周上の点なので，$\sin\theta$, $\cos\theta$ は
$$-1 \leq \sin\theta \leq 1, \quad -1 \leq \cos\theta \leq 1$$
の範囲の値をとる．$\tan\theta$ については，
$$-\infty < \tan\theta < \infty \quad \left(\theta \neq \frac{\pi}{2} + n\pi\right)$$
となる．なお，$\theta = \frac{\pi}{2} + n\pi$（$n$ は整数）のときは $p=0$ なので，$\tan\theta = \frac{q}{p}$ は定義できないことに注意する．

以後は $(\sin\theta)^2 = \sin^2\theta$, $(\cos\theta)^2 = \cos^2\theta$, $(\tan\theta)^2 = \tan^2\theta$ とかく．
三角関数の定義から，次の公式が得られる．

三角関数の相互関係

（ⅰ） $\tan\theta = \dfrac{\sin\theta}{\cos\theta}$

（ⅱ） $\cos^2\theta + \sin^2\theta = 1$

（ⅲ） $1 + \tan^2\theta = \dfrac{1}{\cos^2\theta}$

【証明】（ⅰ）は明らか，（ⅱ）は $(\cos\theta, \sin\theta)$ が単位円 $x^2 + y^2 = 1$ 上にあることから従う．（ⅲ）は（ⅱ）の両辺を $\cos^2\theta$ で割れば得られる． ■

例題 11.4 $\theta = \dfrac{2}{3}\pi$ のとき，$\sin\theta$, $\cos\theta$, $\tan\theta$ の値を求めよ．

【解答】原点を中心とする半径が 1 の円と $\dfrac{2}{3}\pi$ における動径との交点を P とすると，P の座標は $\left(-\dfrac{1}{2}, \dfrac{\sqrt{3}}{2}\right)$ である．よって，
$$\sin\frac{2}{3}\pi = \frac{\sqrt{3}}{2}$$
$$\cos\frac{2}{3}\pi = -\frac{1}{2}$$
$$\tan\frac{2}{3}\pi = -\sqrt{3}$$

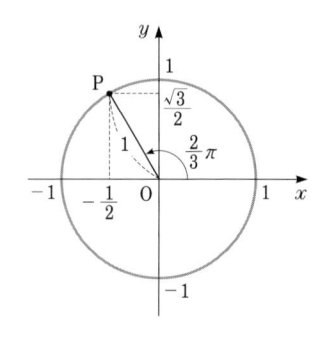

問題 11.5 θ が次の値のとき，$\sin\theta, \cos\theta, \tan\theta$ の値を求めよ．

（1） $\dfrac{4}{3}\pi$ （2） $-\dfrac{\pi}{4}$ （3） $\dfrac{11}{3}\pi$ （4） -5π

11.3 三角関数

例題 11.5

$\dfrac{\pi}{2} < \theta < \dfrac{3}{2}\pi$ とする．$\sin\theta = -\dfrac{4}{5}$ のとき，$\cos\theta$ および $\tan\theta$ の値を求めよ．

【解答】 $\dfrac{\pi}{2} < \theta < \dfrac{3}{2}\pi$ であるから，$\cos\theta < 0$ である．よって，$\cos^2\theta + \sin^2\theta = 1$ より

$$\cos\theta = -\sqrt{1 - \sin^2\theta}$$
$$= -\sqrt{1 - \left(-\dfrac{4}{5}\right)^2} = -\dfrac{3}{5}$$

また，

$$\tan\theta = \dfrac{\sin\theta}{\cos\theta} = \left(-\dfrac{4}{5}\right) \div \left(-\dfrac{3}{5}\right) = \dfrac{4}{3}$$

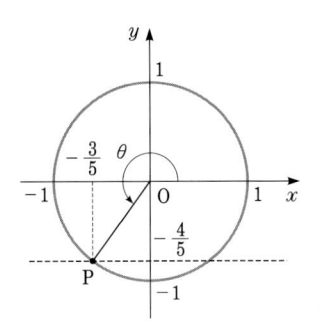

問題 11.6 $\pi < \theta < 2\pi$ とする．$\sin\theta = -\dfrac{3}{5}$ のとき，$\cos\theta$ および $\tan\theta$ の値を求めよ．

例題 11.6 $\sin\theta + \cos\theta = \dfrac{1}{3}$ のとき，次の式の値を求めよ．

（1） $\sin\theta\cos\theta$ （2） $\sin^3\theta + \cos^3\theta$

【解答】（1） $\sin\theta + \cos\theta = \dfrac{1}{3}$ の両辺を 2 乗すると，

$$\sin^2\theta + 2\sin\theta\cos\theta + \cos^2\theta = \dfrac{1}{9}$$
$$1 + 2\sin\theta\cos\theta = \dfrac{1}{9}$$
$$\sin\theta\cos\theta = -\dfrac{4}{9}$$

（2） 因数分解 $x^3 + y^3 = (x+y)(x^2 - xy + y^2)$ を利用する．
$$\sin^3\theta + \cos^3\theta = (\sin\theta + \cos\theta)(\sin^2\theta - \sin\theta\cos\theta + \cos^2\theta)$$
$$= (\sin\theta + \cos\theta)(1 - \sin\theta\cos\theta)$$
$$= \dfrac{1}{3}\left\{1 - \left(-\dfrac{4}{9}\right)\right\} = \dfrac{13}{27}$$

11.4 三角関数のグラフ

単位円周上に点 $P(p, q)$ をとると，
$$\sin\theta = q, \quad \cos\theta = p$$
となる．直線 OP と直線 $x = 1$ との交点を T とすれば，$\tan\theta$ の値は点 T の y 座標で与えられる．これらのことを使うと，関数 $y = \sin\theta$, $y = \cos\theta$, $y = \tan\theta$ のグラフを描くことができる．

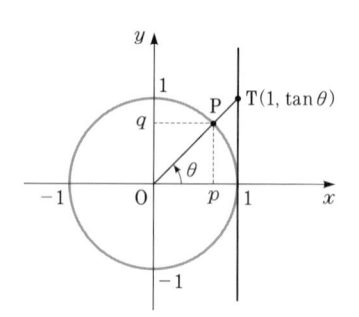

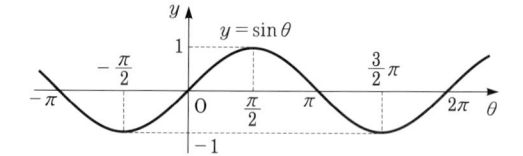

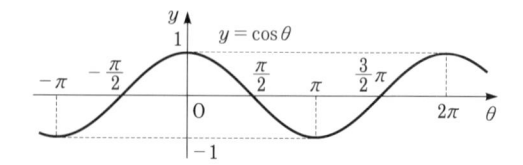

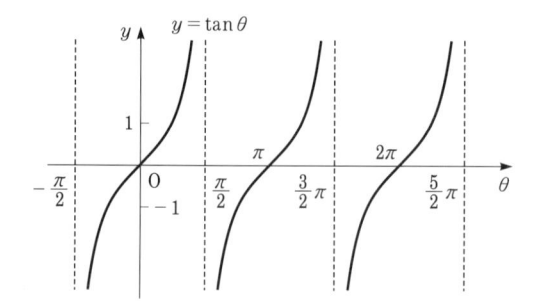

グラフから $y = \sin\theta$, $y = \cos\theta$ は**周期** 2π, $y = \tan\theta$ は周期 π であり，
$$\sin(\theta + 2n\pi) = \sin\theta, \quad \cos(\theta + 2n\pi) = \cos\theta$$
$$\tan(\theta + n\pi) = \tan\theta \qquad (n \text{ は整数})$$
が成り立つ．

11.4 三角関数のグラフ

三角関数に関する性質を以下にまとめる.

(ⅰ) $\sin(-\theta) = -\sin\theta$, $\cos(-\theta) = \cos\theta$
$\tan(-\theta) = -\tan\theta$

(ⅱ) $\sin(\theta + \pi) = -\sin\theta$, $\cos(\theta + \pi) = -\cos\theta$
$\tan(\theta + \pi) = \tan\theta$

(ⅲ) $\sin\left(\theta + \dfrac{\pi}{2}\right) = \cos\theta$, $\cos\left(\theta + \dfrac{\pi}{2}\right) = -\sin\theta$
$\tan\left(\theta + \dfrac{\pi}{2}\right) = -\dfrac{1}{\tan\theta}$

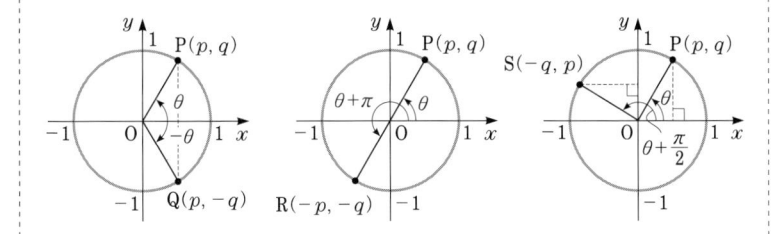

(ⅱ)と(ⅲ)において, θ を $-\theta$ で置き換えると, 次の公式が得られる.

(ⅳ) $\sin(\pi - \theta) = \sin\theta$, $\cos(\pi - \theta) = -\cos\theta$
$\tan(\pi - \theta) = -\tan\theta$

(ⅴ) $\sin\left(\dfrac{\pi}{2} - \theta\right) = \cos\theta$, $\cos\left(\dfrac{\pi}{2} - \theta\right) = \sin\theta$
$\tan\left(\dfrac{\pi}{2} - \theta\right) = \dfrac{1}{\tan\theta}$

例題 11.7 次の関数のグラフをかけ. また, その周期をいえ.

(1) $y = \dfrac{1}{2}\sin\theta$ 　　　　(2) $y = \cos\dfrac{\theta}{2}$

(3) $y = \sin\left(\theta - \dfrac{\pi}{3}\right)$ 　　(4) $y = \cos\left(\theta + \dfrac{\pi}{4}\right)$

【解答】（1）グラフは, $y = \sin\theta$ のグラフを y 軸方向に $\dfrac{1}{2}$ 倍に縮小したもので, 周期は 2π である.

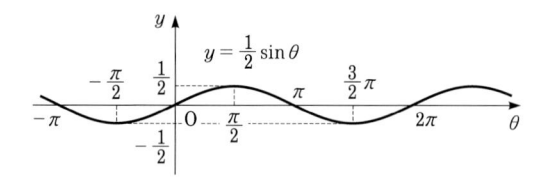

（2）グラフは，$y = \cos\theta$ のグラフを θ 軸方向に 2 倍に拡大したもので，周期は 4π である．

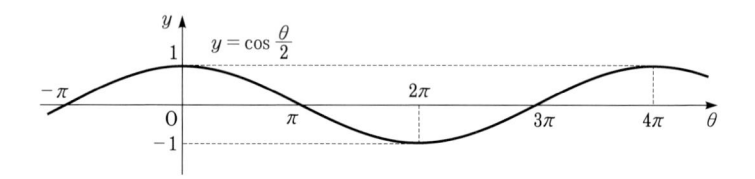

（3）グラフは，$y = \sin\theta$ のグラフを θ 軸方向に $\dfrac{\pi}{3}$ だけ平行移動したもので，周期は 2π である．

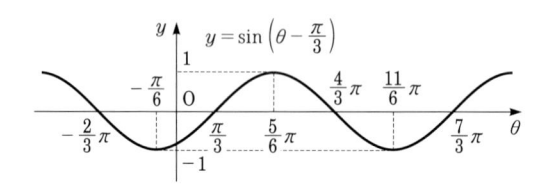

（4）グラフは，$y = \cos\theta$ のグラフを θ 軸方向に $-\dfrac{\pi}{4}$ だけ平行移動したもので，周期は 2π である．

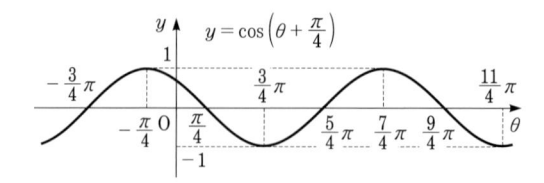

問題 11.7 次の関数のグラフをかけ．また，その周期をいえ．

（1） $y = \sin\left(\theta + \dfrac{\pi}{6}\right)$ （2） $y = \cos\left(\theta - \dfrac{\pi}{6}\right)$

（3） $y = \tan(2\theta)$ （4） $y = \tan\left(\theta - \dfrac{\pi}{4}\right)$

11.5 三角関数を含む方程式

三角関数を含む方程式を，単位円を利用して解いてみよう．

例題 11.8 $0 \leq \theta < 2\pi$ のとき，次の方程式を解け．

$$\sin \theta = -\frac{\sqrt{3}}{2}$$

【解答】 直線 $y = -\frac{\sqrt{3}}{2}$ と単位円との交点を P, Q とすると，求める θ は，右の図で，動径 OP, OQ の表す角である．$0 \leq \theta < 2\pi$ であるから，

$$\theta = \frac{4}{3}\pi, \frac{5}{3}\pi$$

【コメント】 上の例題で，θ の範囲に制限をつけなければ，$\sin\theta$ は周期 2π の周期関数であるから，θ の値は次のようになる．

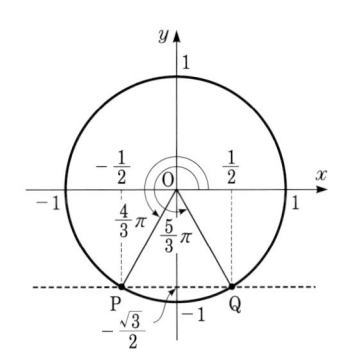

$$\theta = \frac{4}{3}\pi + 2n\pi, \frac{5}{3}\pi + 2n\pi \quad (n \text{ は整数})$$

■

例題 11.9 $0 \leq \theta < 2\pi$ のとき，次の方程式を解け．

$$\cos \theta = -\frac{1}{2}$$

【解答】 直線 $x = -\frac{1}{2}$ と単位円との交点を P, Q とすると，求める θ は，右の図で，動径 OP, OQ の表す角である．$0 \leq \theta < 2\pi$ であるから，

$$\theta = \frac{2}{3}\pi, \frac{4}{3}\pi$$

【コメント】 上の例題で，θ の範囲に制限をつけなければ，$\cos\theta$ は周期 2π の周期関数であるから，θ の値は次のようになる．

$$\theta = \frac{2}{3}\pi + 2n\pi, \frac{4}{3}\pi + 2n\pi \quad (n \text{ は整数})$$

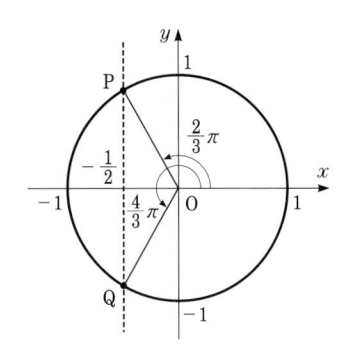

■

例題11.10 $0 \leq \theta < 2\pi$ のとき，次の方程式を解け．

$\tan \theta = 1$

【解答】 原点を通り傾き1の直線 $y = x$ と単位円との交点を P, Q とすると，求める θ は，右の図で，動径 OP, OQ の表す角である．$0 \leq \theta < 2\pi$ であるから

$$\theta = \frac{\pi}{4}, \frac{5}{4}\pi$$

【コメント】 上の例題で，θ の範囲に制限をつけなければ，$\tan \theta$ は周期 π の周期関数であるから，θ の値は次のようになる．

$$\theta = \frac{\pi}{4} + n\pi \quad (n \text{ は整数}) \quad \blacksquare$$

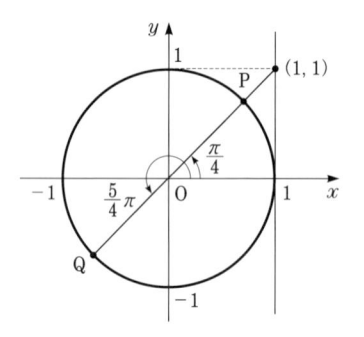

問題11.8 $0 \leq \theta < 2\pi$ のとき，次の方程式を解け．また，θ が一般角であるとき，その値を求めよ．

(1) $\sin \theta = \dfrac{\sqrt{3}}{2}$ (2) $2\sin \theta - 1 = 0$ (3) $\sqrt{2} \cos \theta + 1 = 0$

(4) $\cos\left(\theta + \dfrac{\pi}{2}\right) = \dfrac{1}{2}$ (5) $\tan \theta = \sqrt{3}$ (6) $\sin \theta = \cos \theta$

11.6 加法定理とその応用

sin, cos, tan の加法定理

(ⅰ) $\sin(\alpha + \beta) = \sin \alpha \cos \beta + \cos \alpha \sin \beta$

(ⅱ) $\sin(\alpha - \beta) = \sin \alpha \cos \beta - \cos \alpha \sin \beta$

(ⅲ) $\cos(\alpha + \beta) = \cos \alpha \cos \beta - \sin \alpha \sin \beta$

(ⅳ) $\cos(\alpha - \beta) = \cos \alpha \cos \beta + \sin \alpha \sin \beta$

(ⅴ) $\tan(\alpha + \beta) = \dfrac{\tan \alpha + \tan \beta}{1 - \tan \alpha \tan \beta}$

(ⅵ) $\tan(\alpha - \beta) = \dfrac{\tan \alpha - \tan \beta}{1 + \tan \alpha \tan \beta}$

11.6 加法定理とその応用

例題 11.11 加法定理を用いて，$\sin\left(\dfrac{5}{12}\pi\right)$（$=\sin 75°$）の値を求めよ．

【解答】 $\dfrac{5}{12}\pi = \dfrac{\pi}{4} + \dfrac{\pi}{6}$（$75° = 45° + 30°$）であるから，加法定理（ⅰ）より

$$\sin\left(\dfrac{5}{12}\pi\right) = \sin\left(\dfrac{\pi}{4} + \dfrac{\pi}{6}\right) = \sin\dfrac{\pi}{4}\cos\dfrac{\pi}{6} + \cos\dfrac{\pi}{4}\sin\dfrac{\pi}{6}$$

$$= \dfrac{1}{\sqrt{2}} \cdot \dfrac{\sqrt{3}}{2} + \dfrac{1}{\sqrt{2}} \cdot \dfrac{1}{2} = \dfrac{\sqrt{3}+1}{2\sqrt{2}} = \dfrac{\sqrt{6}+\sqrt{2}}{4}$$

問題 11.9 加法定理を用いて，次の値を求めよ．

（1） $\cos\left(\dfrac{5}{12}\pi\right)$　　　（2） $\tan\left(\dfrac{5}{12}\pi\right)$　　　（3） $\sin\left(\dfrac{7}{12}\pi\right)$

（4） $\cos\left(\dfrac{7}{12}\pi\right)$　　　（5） $\tan\left(\dfrac{7}{12}\pi\right)$

加法定理から次の公式も導かれる．

■和を積になおす公式：

(ⅰ)　$\sin A + \sin B = 2\sin\dfrac{A+B}{2}\cos\dfrac{A-B}{2}$

(ⅱ)　$\sin A - \sin B = 2\cos\dfrac{A+B}{2}\sin\dfrac{A-B}{2}$

(ⅲ)　$\cos A + \cos B = 2\cos\dfrac{A+B}{2}\cos\dfrac{A-B}{2}$

(ⅳ)　$\cos A - \cos B = -2\sin\dfrac{A+B}{2}\sin\dfrac{A-B}{2}$　∎

和と積の公式で，$\alpha = \dfrac{A+B}{2}$，$\beta = \dfrac{A-B}{2}$ とおくことにより，次の積と和の公式が導かれる．

■積を和になおす公式：

(ⅰ)　$\sin\alpha\cos\beta = \dfrac{1}{2}\{\sin(\alpha+\beta) + \sin(\alpha-\beta)\}$

(ⅱ)　$\cos\alpha\sin\beta = \dfrac{1}{2}\{\sin(\alpha+\beta) - \sin(\alpha-\beta)\}$

(ⅲ)　$\cos\alpha\cos\beta = \dfrac{1}{2}\{\cos(\alpha+\beta) + \cos(\alpha-\beta)\}$

(ⅳ)　$\sin\alpha\sin\beta = -\dfrac{1}{2}\{\cos(\alpha+\beta) - \cos(\alpha-\beta)\}$　∎

三角関数の加法定理において $\alpha = \beta$ とすると，三角関数に関するいろいろな公式が得られる．

---
2 倍角の公式

(ⅰ) $\sin(2\alpha) = 2\sin\alpha\cos\alpha$

(ⅱ) $\cos(2\alpha) = \cos^2\alpha - \sin^2\alpha = 1 - 2\sin^2\alpha = 2\cos^2\alpha - 1$

(ⅲ) $\tan(2\alpha) = \dfrac{2\tan\alpha}{1-\tan^2\alpha}$

例題 11.12 $\dfrac{\pi}{2} < \alpha < \pi$, $\cos\alpha = -\dfrac{4}{5}$ のとき，$\sin(2\alpha)$ の値を求めよ．

【解答】 $\dfrac{\pi}{2} < \alpha < \pi$ であるから，$\sin\alpha > 0$ である．よって

$$\sin\alpha = \sqrt{1 - \left(-\dfrac{4}{5}\right)^2} = \dfrac{3}{5}$$

ゆえに

$$\sin(2\alpha) = 2\sin\alpha\cos\alpha$$
$$= 2\cdot\dfrac{3}{5}\cdot\left(-\dfrac{4}{5}\right) = -\dfrac{24}{25}$$

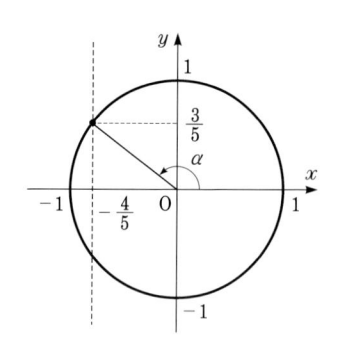

問題 11.10 $\dfrac{\pi}{2} < \alpha < \pi$, $\sin\alpha = \dfrac{3}{4}$ のとき，次の値を求めよ．

(1) $\sin(2\alpha)$　　　(2) $\cos(2\alpha)$　　　(3) $\tan(2\alpha)$

2 倍角の公式 (ⅱ) において α を $\dfrac{\alpha}{2}$ とおくと，次の半角の公式が得られる．

半角の公式

(ⅰ) $\sin^2\dfrac{\alpha}{2} = \dfrac{1-\cos\alpha}{2}$

(ⅱ) $\cos^2\dfrac{\alpha}{2} = \dfrac{1+\cos\alpha}{2}$

(ⅲ) $\tan^2\dfrac{\alpha}{2} = \dfrac{1-\cos\alpha}{1+\cos\alpha}$

11.6 加法定理とその応用

例題 11.13 半角の公式を用いて，次の値を求めよ．

(1) $\sin\dfrac{\pi}{8}$ (2) $\cos\dfrac{\pi}{8}$ (3) $\tan\dfrac{\pi}{8}$

【解答】 (1) $\sin^2\dfrac{\pi}{8} = \dfrac{1-\cos\dfrac{\pi}{4}}{2} = \dfrac{1-\dfrac{1}{\sqrt{2}}}{2} = \dfrac{2-\sqrt{2}}{4}$

$\sin\dfrac{\pi}{8} > 0$ であるから, $\sin\dfrac{\pi}{8} = \sqrt{\dfrac{2-\sqrt{2}}{4}} = \dfrac{\sqrt{2-\sqrt{2}}}{2}$

(2) $\cos^2\dfrac{\pi}{8} = \dfrac{1+\cos\dfrac{\pi}{4}}{2} = \dfrac{1+\dfrac{1}{\sqrt{2}}}{2} = \dfrac{2+\sqrt{2}}{4}$

$\cos\dfrac{\pi}{8} > 0$ であるから, $\cos\dfrac{\pi}{8} = \sqrt{\dfrac{2+\sqrt{2}}{4}} = \dfrac{\sqrt{2+\sqrt{2}}}{2}$

(3) $\tan^2\dfrac{\pi}{8} = \dfrac{1-\cos\dfrac{\pi}{4}}{1+\cos\dfrac{\pi}{4}} = \dfrac{1-\dfrac{1}{\sqrt{2}}}{1+\dfrac{1}{\sqrt{2}}} = \dfrac{\sqrt{2}-1}{\sqrt{2}+1} = 3 - 2\sqrt{2}$

$\tan\dfrac{\pi}{8} > 0$ であるから, $\tan\dfrac{\pi}{8} = \sqrt{3-2\sqrt{2}} = \sqrt{2}-1$

■ **3倍角の公式**：

(i) $\sin(3\alpha) = 3\sin\alpha - 4\sin^3\alpha$

(ii) $\cos(3\alpha) = 4\cos^3\alpha - 3\cos\alpha$

【証明】 加法定理 (i) (p.78) において，$3\alpha = 2\alpha + \alpha$ と考えると，3倍角の公式 (i) を得る：

$\sin(3\alpha) = \sin(2\alpha + \alpha)$
$= \sin(2\alpha)\cos\alpha + \cos(2\alpha)\sin\alpha$
$= 2\sin\alpha\cos^2\alpha + (1-2\sin^2\alpha)\sin\alpha$
$= 2\sin\alpha(1-\sin^2\alpha) + \sin\alpha - 2\sin^3\alpha$
$= 2\sin\alpha - 2\sin^3\alpha + \sin\alpha - 2\sin^3\alpha$
$= 3\sin\alpha - 4\sin^3\alpha$

加法定理 (iii) において，上と同様にすると，3倍角の公式 (ii) を得る． ∎

11.7 三角関数の合成

a, b を定数とするとき，$a\sin\theta + b\cos\theta$ は，次のように変形できる．

点 $P(a, b)$ をとると $OP = \sqrt{a^2 + b^2}$ であり，動径 OP の表す角を α とすると，
$$a = \sqrt{a^2 + b^2}\cos\alpha, \quad b = \sqrt{a^2 + b^2}\sin\alpha$$
だから，
$$\begin{aligned}a\sin\theta + b\cos\theta &= \sqrt{a^2+b^2}\cos\alpha\sin\theta + \sqrt{a^2+b^2}\sin\alpha\cos\theta \\ &= \sqrt{a^2+b^2}\,(\sin\theta\cos\alpha + \cos\theta\sin\alpha) \\ &= \sqrt{a^2+b^2}\sin(\theta + \alpha)\end{aligned}$$
したがって，次のことがいえる．

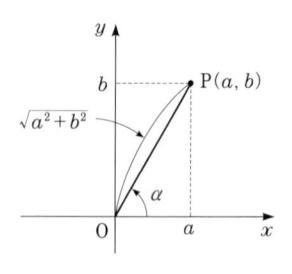

三角関数の合成

$$a\sin\theta + b\cos\theta = \sqrt{a^2+b^2}\sin(\theta + \alpha)$$

ただし $\sin\alpha = \dfrac{b}{\sqrt{a^2+b^2}}, \quad \cos\alpha = \dfrac{a}{\sqrt{a^2+b^2}}$

例題 11.14

三角関数の合成を用いて $\sin\theta + \cos\theta$ を $r\sin(\theta + \alpha)$ の形に変形せよ．ただし，$r > 0, -\pi < \alpha \leqq \pi$ とする．

【解答】 $\sqrt{1^2 + 1^2} = \sqrt{2}$ から
$$\begin{aligned}\sin\theta + \cos\theta &= \sqrt{2}\left(\frac{1}{\sqrt{2}}\sin\theta + \frac{1}{\sqrt{2}}\cos\theta\right) \\ &= \sqrt{2}\left(\sin\theta\cos\frac{\pi}{4} + \cos\theta\sin\frac{\pi}{4}\right) = \sqrt{2}\sin\left(\theta + \frac{\pi}{4}\right)\end{aligned}$$

問題 11.11 三角関数の合成を用いて次の関数を $r\sin(\theta + \alpha)$ の形に変形せよ．ただし，$r > 0, -\pi < \alpha \leqq \pi$ とする．

（1） $\sin\theta + \sqrt{3}\cos\theta$　（2） $3\sin\theta - \sqrt{3}\cos\theta$　（3） $-\sqrt{3}\sin\theta - \cos\theta$

第12章　関数の極限

　この章では，関数の極限についての収束，発散の意味を理解し，基礎的な関数の極限計算ができるようになることを目的とする．

12.1　収束・発散

　関数 $f(x)$ において，変数 x が a に限りなく近づくとき，$f(x)$ の値が一定の値 α に限りなく近づくならば

$$\lim_{x \to a} f(x) = \alpha \quad \text{または} \quad f(x) \to \alpha \ (x \to a)$$

とかき，α を**極限値**という．このとき，$f(x)$ は α に**収束する**という．収束しない場合[1]は，**発散する**という．$x \to a$ のとき，$f(x)$ の値が限りなく大きくなるならば

$$\lim_{x \to a} f(x) = \infty \quad \text{または} \quad f(x) \to \infty \ (x \to a)$$

とかき，**(正の)無限大**に発散するという．負の値で，その絶対値が限りなく大きくなるならば

$$\lim_{x \to a} f(x) = -\infty \quad \text{または} \quad f(x) \to -\infty \ (x \to a)$$

とかき，**負の無限大**に発散するという．

　$x \to a+0$ は，x を a より大きい右側から a に近づけることを意味する．
　$x \to a-0$ は，x を a より小さい左側から a に近づけることを意味する．

---

[1]　値が振動して一定値に定まらない場合も含む．

$\lim_{x \to a+0} f(x)$ を**右側極限**, $\lim_{x \to a-0} f(x)$ を**左側極限**という[2]．

【コメント】 $x \to 0+0$ は $x \to +0$, $x \to 0-0$ は $x \to -0$ とかく． ∎

例 12.1 関数 $f(x) = \dfrac{1}{x^2}$ について，x が限りなく 0 に近づくとき，$f(x)$ の値は限りなく大きくなる．

$$\lim_{x \to 0} \frac{1}{x^2} = \infty \qquad ∎$$

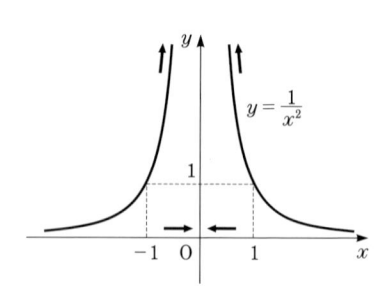

一般に，x が限りなく大きくなることを $x \to \infty$ で表し，x が負で絶対値が限りなく大きくなることを $x \to -\infty$ で表す．

例 12.2 関数 $f(x) = \dfrac{1}{x}$ について，$x \to \infty$ のとき，$f(x)$ の値は限りなく 0 に近づく．

$$\lim_{x \to \infty} \frac{1}{x} = 0$$

また，$x \to -\infty$ のとき，$f(x)$ の値は限りなく 0 に近づく．

$$\lim_{x \to -\infty} \frac{1}{x} = 0 \qquad ∎$$

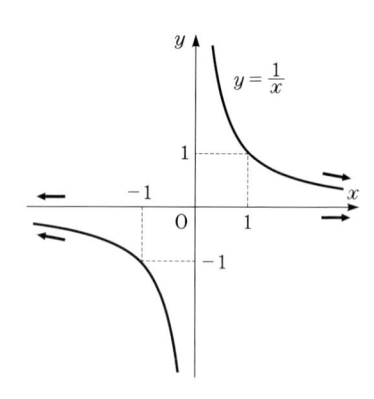

関数の極限値の性質

$\lim_{x \to a} f(x) = \alpha$, $\lim_{x \to a} g(x) = \beta$ のとき，次が成り立つ．

(ⅰ) $\lim_{x \to a}\{kf(x) + lg(x)\} = k\alpha + l\beta$ （k, l：定数）

(ⅱ) $\lim_{x \to a} f(x)\,g(x) = \alpha\beta$

(ⅲ) $\lim_{x \to a} \dfrac{f(x)}{g(x)} = \dfrac{\alpha}{\beta}$ （$\beta \neq 0$）

---

2) $\lim_{x \to a} f(x) = \alpha \iff \lim_{x \to a+0} f(x) = \lim_{x \to a-0} f(x) = \alpha$

12.1 収束・発散

例題 12.1 次の極限を求めよ．

(1) $\displaystyle\lim_{x\to 1}(x^2+1)$

(2) $\displaystyle\lim_{x\to -1}\frac{x^2-x-2}{x^2+x}$

(3) $\displaystyle\lim_{x\to -1}\frac{x^3+1}{x+1}$

(4) $\displaystyle\lim_{x\to 4}\frac{\sqrt{x}-2}{x-4}$

【解答】 (1) $\displaystyle\lim_{x\to 1}(x^2+1)=1^2+1=2$

(2) $\displaystyle\lim_{x\to -1}\frac{x^2-x-2}{x^2+x}=\lim_{x\to -1}\frac{(x-2)(x+1)}{x(x+1)}$
$\displaystyle=\lim_{x\to -1}\frac{x-2}{x}=\frac{-1-2}{-1}=3$

(3) $\displaystyle\lim_{x\to -1}\frac{x^3+1}{x+1}=\lim_{x\to -1}\frac{(x+1)(x^2-x+1)}{x+1}$
$\displaystyle=\lim_{x\to -1}(x^2-x+1)=(-1)^2-(-1)+1=3$

(4) $\displaystyle\lim_{x\to 4}\frac{\sqrt{x}-2}{x-4}=\lim_{x\to 4}\frac{(\sqrt{x}-2)(\sqrt{x}+2)}{(x-4)(\sqrt{x}+2)}$
$\displaystyle=\lim_{x\to 4}\frac{x-4}{(x-4)(\sqrt{x}+2)}=\lim_{x\to 4}\frac{1}{\sqrt{x}+2}=\frac{1}{4}$

問題 12.1 次の極限を求めよ．

(1) $\displaystyle\lim_{x\to 2}(x^2-2x+1)$

(2) $\displaystyle\lim_{x\to -1}\frac{x^2+3x+2}{x^2-1}$

(3) $\displaystyle\lim_{x\to 1}\frac{\sqrt{x+3}-2}{x-1}$

(4) $\displaystyle\lim_{x\to 3}\frac{x^2-9}{x^3-27}$

例題 12.1 (2)〜(4) のような問題では，そのままでは $\dfrac{0}{0}$ の形となるため，直接には極限値が求められない．例題 12.2 のように $\dfrac{\infty}{\infty}$ の形になる場合も同様である．これらを**不定形の極限**と呼ぶ．

例題 12.2 次の極限を求めよ．

(1) $\displaystyle\lim_{x\to\infty}\frac{x^2+2x+1}{x^2+1}$

(2) $\displaystyle\lim_{x\to\infty}\frac{x^3+2x^2-x+1}{x^4-1}$

(3) $\displaystyle\lim_{x\to\infty}\frac{x-1}{x^2}$

(4) $\displaystyle\lim_{x\to\infty}\frac{x^2-1}{x}$

【解答】 （1） $\displaystyle\lim_{x\to\infty}\frac{x^2+2x+1}{x^2+1}=\lim_{x\to\infty}\frac{1+2\cdot\frac{1}{x}+\frac{1}{x^2}}{1+\frac{1}{x^2}}=1$

（2） $\displaystyle\lim_{x\to\infty}\frac{x^3+2x^2-x+1}{x^4-1}=\lim_{x\to\infty}\frac{\frac{1}{x}+2\cdot\frac{1}{x^2}-\frac{1}{x^3}+\frac{1}{x^4}}{1-\frac{1}{x^4}}=0$

（3） $\displaystyle\lim_{x\to\infty}\frac{x-1}{x^2}=\lim_{x\to\infty}\left(\frac{1}{x}-\frac{1}{x^2}\right)=0$

（4） $\displaystyle\lim_{x\to\infty}\frac{x^2-1}{x}=\lim_{x\to\infty}\left(x-\frac{1}{x}\right)=\infty$

問題 12.2 次の極限を求めよ．

（1） $\displaystyle\lim_{x\to\infty}\frac{2x^2}{x^2-2x+1}$ （2） $\displaystyle\lim_{x\to\infty}\frac{3x^3-2x^2+x-1}{2x^3-x+1}$

（3） $\displaystyle\lim_{x\to\infty}\frac{2x-1}{x^2+1}$ （4） $\displaystyle\lim_{x\to\infty}\frac{x^2-2x+1}{x-1}$

（5） $\displaystyle\lim_{x\to\infty}\frac{2x^2+3}{x^2}$

第13章　微　分

この章では，おもに整式の微分計算に慣れ，その応用として，関数の増減を調べることでグラフがかけるようになることを目的とする．

13.1 微分係数

微分係数

関数 $f(x)$ に対し極限値

$$\lim_{h \to 0} \frac{f(a+h) - f(a)}{h}$$

が存在するとき，$f(x)$ は $x = a$ で**微分可能**であるという．上の極限値を $f'(a)$ （「f プライム a」または「f ダッシュ a」と読む）とかき，$f(x)$ の $x = a$ における**微分係数**という．

微分係数と接線の傾き

関数 $y = f(x)$ において，x 座標がそれぞれ $a, a+h$ である2点 A, B をとると，**平均変化率**

$$\frac{f(a+h) - f(a)}{h}$$

は，直線 AB の傾きを表している．ここで，h を 0 に限りなく近づけると，点 B はグラフ上を移動しながら，点 A に限りなく近づく．このとき，直線 AB の傾き，すなわち平均変化

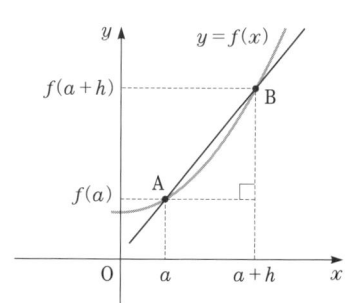

率の値は $f'(a)$ に限りなく近づくから，直線 AB は，点 A を通り，傾きが $f'(a)$ である直線 AT に限りなく近づく．この直線 AT を，曲線 $y = f(x)$ 上の点 A における**接線**といい，A をこの接線の**接点**という．

したがって，曲線と接線の傾きについて，次のことが成り立つ．

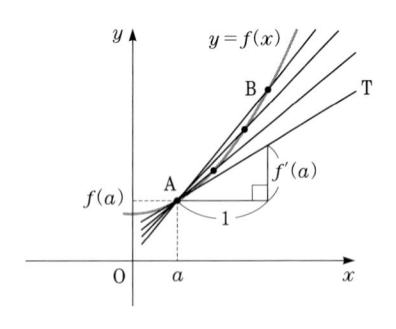

> 曲線 $y = f(x)$ 上の点 $(a, f(a))$ における接線の傾きは，微分係数 $f'(a)$ に等しい．

例題 13.1

曲線 $y = x^2$ 上の点 $(1, 1)$ における接線の傾きを求めよ．

【解答】 微分係数の定義式により，$a = 1$ の場合を計算する．$f(x) = x^2$ とおくと

$$\begin{aligned} f'(1) &= \lim_{h \to 0} \frac{f(1+h) - f(1)}{h} \\ &= \lim_{h \to 0} \frac{(1+h)^2 - 1}{h} \\ &= \lim_{h \to 0} \frac{h^2 + 2h}{h} = \lim_{h \to 0} (h+2) = 2 \end{aligned}$$

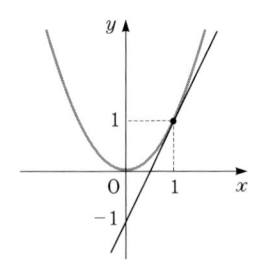

問題 13.1 曲線 $y = x^3 + 2x$ 上の点 $(-1, -3)$ における接線の傾きを求めよ．

> **接線の方程式**
>
> 曲線 $y = f(x)$ 上の点 $(a, f(a))$ における接線の方程式は
> $$y - f(a) = f'(a)(x - a)$$

例題 13.2

曲線 $y = x^2 - 5x + 4$ 上の点 $(2, -2)$ における接線の方程式を求めよ．

【解答】 $f(x) = x^2 - 5x + 4$ とおくと，微分係数の定義より

$$f'(2) = \lim_{h \to 0} \frac{f(2+h) - f(2)}{h}$$

$$= \lim_{h \to 0} \frac{(2+h)^2 - 5(2+h) + 4 - (-2)}{h}$$

$$= \lim_{h \to 0} \frac{h^2 - h}{h} = \lim_{h \to 0} (h - 1) = -1$$

よって，接線の方程式は

$$y - (-2) = -1 \cdot (x - 2)$$

つまり，$y = -x$

問題 13.2 曲線 $y = x^2 - 3x$ 上の点 $(1, -2)$ における接線の方程式を求めよ．

13.2 導関数の計算

関数 $f(x)$ が，ある区間のすべての x の値で微分可能であるとき，$f(x)$ はその区間で**微分可能**であるという．その区間における x のおのおのの値 a に対して微分係数 $f'(a)$ を対応させると，1つの新しい関数が得られる．この新しい関数を $f(x)$ の**導関数**といい，記号

$$f'(x), \quad y', \quad \frac{df}{dx}, \quad \frac{dy}{dx}, \quad \frac{d}{dx}f(x)$$

などで表す．また，関数 $f(x)$ からその導関数 $f'(x)$ を求めることを，$f(x)$ を**微分する**という．

$f(x) = x^3$ を導関数の定義に従い計算すると

$$f'(x) = \lim_{h \to 0} \frac{(x+h)^3 - x^3}{h}$$

$$= \lim_{h \to 0} (3x^2 + 3hx + h^2) = 3x^2$$

つまり，$(x^3)' = 3x^2$ が成り立つ．

例題 13.3 次の関数を，導関数の定義に従って微分せよ．

（1） $y = C$ （C は定数） （2） $y = x^2$

（3） $y = \dfrac{1}{x}$ （4） $y = \sqrt{x}$

【解答】（1）$y' = \lim_{h \to 0} \dfrac{C - C}{h} = \lim_{h \to 0} \dfrac{0}{h} = \lim_{h \to 0} 0 = 0$

（2）$y' = \lim_{h \to 0} \dfrac{(x+h)^2 - x^2}{h} = \lim_{h \to 0}(2x + h) = 2x$

（3）$y' = \lim_{h \to 0} \dfrac{\dfrac{1}{x+h} - \dfrac{1}{x}}{h} = \lim_{h \to 0}\left(-\dfrac{1}{x(x+h)}\right) = -\dfrac{1}{x^2}$

（4）$y' = \lim_{h \to 0} \dfrac{\sqrt{x+h} - \sqrt{x}}{h} = \lim_{h \to 0} \dfrac{(\sqrt{x+h} - \sqrt{x})(\sqrt{x+h} + \sqrt{x})}{h(\sqrt{x+h} + \sqrt{x})}$

$= \lim_{h \to 0} \dfrac{1}{\sqrt{x+h} + \sqrt{x}} = \dfrac{1}{2\sqrt{x}}$

一般に，次が成り立つ．

---
x^n の導関数

$(x^n)' = nx^{n-1}$　（n：自然数）

この公式は，n がどんな実数のときも成り立つことが知られている．

---
x^a の導関数

$(x^a)' = ax^{a-1}$　（a：実数）

【コメント】　上の例題の (3), (4) は次のようにも計算できる．

（3）$\left(\dfrac{1}{x}\right)' = (x^{-1})' = -1 \cdot x^{-1-1} = -x^{-2} = -\dfrac{1}{x^2}$

（4）$(\sqrt{x})' = (x^{\frac{1}{2}})' = \dfrac{1}{2}x^{\frac{1}{2}-1} = \dfrac{1}{2}x^{-\frac{1}{2}} = \dfrac{1}{2\sqrt{x}}$

また，例題 13.3 (1) より，定数関数 $y = C$ を微分すると 0 である．

$\boxed{(C)' = 0}$

問題 13.3　次の関数を微分せよ．

（1）$y = \sqrt[3]{x}$　　　　　　（2）$y = x\sqrt{x}$

導関数の性質

関数 $f(x), g(x)$ が微分可能であるとき，導関数について，以下の性質が成り立つ．

(i) $\{f(x) \pm g(x)\}' = f'(x) \pm g'(x)$ （複号同順）

(ii) $\{kf(x)\}' = kf'(x)$ （k：定数）

(iii) $\{f(x) g(x)\}' = f'(x) g(x) + f(x) g'(x)$ （積の微分法）

(iv) $\left\{\dfrac{f(x)}{g(x)}\right\}' = \dfrac{f'(x) g(x) - f(x) g'(x)}{\{g(x)\}^2}$ （商の微分法）

(v) $\left\{\dfrac{1}{g(x)}\right\}' = -\dfrac{g'(x)}{\{g(x)\}^2}$ （(iv) で，$f(x) = 1$ としたもの）

例題 13.4 次の関数を微分せよ．

(1) $y = 2x + 1$
(2) $y = 3x^2 + 2x + 1$

(3) $y = (x+1)(x^2 - x - 1)$
(4) $y = \dfrac{x^3 + x\sqrt{x} + 3}{x}$

(5) $y = \dfrac{1}{x+1}$
(6) $y = \dfrac{x-1}{2x^2 + 3}$

【解答】 (1) $y' = 2(x)' + (1)' = 2 \cdot 1 + 0 = 2$

(2) $y' = 3(x^2)' + 2(x)' + (1)' = 3 \cdot 2x + 2 \cdot 1 + 0 = 6x + 2$

(3) $y' = (x+1)'(x^2 - x - 1) + (x+1)(x^2 - x - 1)'$
$= x^2 - x - 1 + (x+1)(2x - 1) = 3x^2 - 2$

(4) $y' = (x^2 + x^{\frac{1}{2}} + 3x^{-1})' = 2x + \dfrac{1}{2} x^{-\frac{1}{2}} - 3x^{-2} = 2x + \dfrac{1}{2\sqrt{x}} - \dfrac{3}{x^2}$

(5) $y' = -\dfrac{(x+1)'}{(x+1)^2} = -\dfrac{1}{(x+1)^2}$

(6) $y' = \dfrac{(x-1)'(2x^2 + 3) - (x-1)(2x^2 + 3)'}{(2x^2 + 3)^2}$
$= \dfrac{(2x^2 + 3) - (x-1) \cdot 4x}{(2x^2 + 3)^2} = \dfrac{-2x^2 + 4x + 3}{(2x^2 + 3)^2}$

問題 13.4 次の関数を微分せよ．

(1) $y = -x^3 - 5x^2 + 2x + 3$
(2) $y = (x^2 + 1)(2x + 3)$

(3) $y = \dfrac{3x^3 + 5x\sqrt{x} - 1}{2x}$
(4) $y = \dfrac{1}{2x + 1}$
(5) $y = \dfrac{2x + 3}{x^2 + 1}$

13.3　合成関数の微分法

合成関数（**8.3**節参照）$y = f(g(x))$ の導関数は，$u = g(x)$ とおくとき，次の公式により計算される．

> **合成関数の微分法**
>
> $$\frac{dy}{dx} = \frac{dy}{du}\frac{du}{dx}$$

例題 13.5　関数 $y = (2x+1)^3$ を合成関数の微分法を用いて微分せよ．

【解答】　$u = 2x+1$ とおくと，$y = u^3$ となり

$$\frac{dy}{dx} = \frac{dy}{du}\frac{du}{dx} = 3u^2 \cdot 2 = 6(2x+1)^2$$

問題 13.5　次の関数を微分せよ．

(1)　$y = (1-3x^2)^4$　　(2)　$y = \dfrac{1}{(2x+1)^4}$　　(3)　$y = \sqrt{x^2+1}$

13.4　関数の増減と極値

導関数の符号と関数の増減は次のようになる．

　ある区間で，つねに $f'(x) > 0$ ならば，$f(x)$ はその区間で**増加**する．
　ある区間で，つねに $f'(x) < 0$ ならば，$f(x)$ はその区間で**減少**する．

極大・極小

関数 $f(x)$ について，$f'(a) = 0$ となる x の値 $x = a$ の前後で $f'(x)$ の符号が，

(ⅰ)　正から負に変わるとき，$y = f(x)$ のグラフは増加から減少に転じる．このとき，$f(x)$ は $x = a$ で**極大**になり，$f(a)$ を**極大値**という．

(ⅱ)　負から正に変わるとき，$y = f(x)$ のグラフは減少から増加に転じる．このとき，$f(x)$ は $x = a$ で**極小**になり，$f(a)$ を**極小値**という．

13.4 関数の増減と極値

極大値と極小値を合わせて**極値**という．

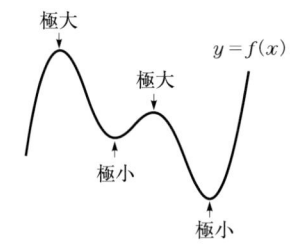

例題 13.6 関数 $y = x^3 - 3x$ の増減を調べ，グラフをかけ．

【解答】 導関数は $y' = 3x^2 - 3 = 3(x-1)(x+1)$ と因数分解できるから，その符号の変化は

$x < -1,\ 1 < x$ で $y' > 0$

$-1 < x < 1$ で $y' < 0$

である．関数の増減を表にまとめると，

x	$\cdots$	-1	$\cdots$	1	$\cdots$
y'	$+$	0	$-$	0	$+$
y	↗	2 極大	↘	-2 極小	↗

よって，y の値は $x < -1,\ 1 < x$ のとき増加し，$-1 < x < 1$ のとき減少する．

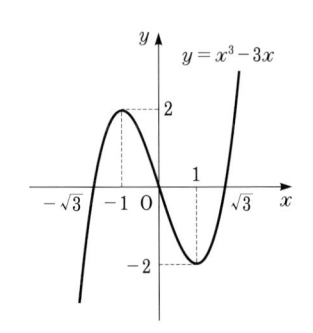

上の表を**増減表**という．

問題 13.6 次の関数の増減を調べ，グラフをかけ．

（1） $y = x^3 - 3x^2 + 2$ 　　　　　（2） $y = x^3$

第14章　積　分

　この章では，おもに整式の不定積分，定積分計算ができるようになることを目指す．

14.1　不定積分

　微分すると $f(x)$ になる関数，すなわち $F'(x) = f(x)$ が成り立つ関数 $F(x)$ を，$f(x)$ の**原始関数**という．このとき任意定数 C について $F(x) + C$ も $f(x)$ の原始関数であり，C を含んだ $F(x) + C$ を $f(x)$ の**不定積分**といい，

$$\int f(x)\,dx$$

で表す．つまり，次の関係が成り立つ：

$$F'(x) = f(x) \iff \int f(x)\,dx = F(x) + C \quad (C:\text{定数})$$

定数 C を**積分定数**と呼ぶ．$f(x)$ の不定積分を求めることを，$f(x)$ を**積分する**という．

　$\alpha \neq -1$ のとき，$\left(\dfrac{1}{\alpha+1}x^{\alpha+1}\right)' = x^\alpha$ であるから，

$$\int x^\alpha\,dx = \frac{1}{\alpha+1}x^{\alpha+1} + C \quad (\alpha \neq -1)$$

が成り立つ．

$\alpha = -1$ のとき
$$\int x^{-1}\,dx = \int \frac{1}{x}\,dx = \log|x| + C$$

14.1 不定積分

$\log|x| = \log_e|x|$ であり，底 $e = 2.718\cdots$ は**ネイピア数**と呼ばれる無理数である．e を底とする対数を**自然対数**といい，通常，e を省略する．

不定積分については，次の等式が成り立つ．

── 不定積分の基本性質 ──

（1） $\displaystyle\int \{f(x) \pm g(x)\}\, dx = \int f(x)\, dx \pm \int g(x)\, dx$
   （複号同順）

（2） $\displaystyle\int k f(x)\, dx = k \int f(x)\, dx$ （k：定数）

例題 14.1 次の関数の不定積分を求めよ．

（1） $x+2$ （2） $x^2 - x$ （3） $2x^3 + 3x^2 + 1$

（4） $\sqrt{x} - 1$ （5） $\dfrac{1}{x^2}$

【解答】 不定積分の基本性質を用いて計算する．C は積分定数．

（1） $\displaystyle\int (x+2)\, dx = \int x\, dx + 2\int dx = \frac{1}{2}x^2 + 2x + C$

（2） $\displaystyle\int (x^2 - x)\, dx = \int x^2\, dx - \int x\, dx = \frac{1}{3}x^3 - \frac{1}{2}x^2 + C$

（3） $\displaystyle\int (2x^3 + 3x^2 + 1)\, dx = 2\int x^3\, dx + 3\int x^2\, dx + \int dx$
$\qquad\qquad = \dfrac{1}{2}x^4 + x^3 + x + C$

（4） $\displaystyle\int (\sqrt{x} - 1)\, dx = \int x^{\frac{1}{2}}\, dx - \int dx = \frac{2}{3}x^{\frac{3}{2}} - x + C = \frac{2}{3}x\sqrt{x} - x + C$

（5） $\displaystyle\int \frac{1}{x^2}\, dx = \int x^{-2}\, dx = -x^{-1} + C = -\frac{1}{x} + C$

【コメント】 $\displaystyle\int 1\, dx = \int dx$ と略記する．

問題 14.1 次の関数の不定積分を求めよ．

（1） $x - 1$ （2） $x^2 + 3x - 1$ （3） $4x^3 + 3x^2 + 2$

（4） $\sqrt[3]{x}$ （5） $\dfrac{1}{x^3} + \sqrt{x}$

14.2 定積分

$f(x)$ の原始関数の1つを $F(x)$ とするとき，$F(b) - F(a)$ を，関数 $y = f(x)$ の $x = a$ から $x = b$ までの**定積分**といい，

$$\int_a^b f(x)\, dx$$

で表す．また

$$F(b) - F(a) = \Big[F(x) \Big]_a^b$$

と書く．まとめると

$$\int_a^b f(x)\, dx = \Big[F(x) \Big]_a^b = F(b) - F(a)$$

定積分についても，不定積分のときと同様に，次の等式が成り立つ．

定積分の基本性質

（1） $\displaystyle\int_a^b \{f(x) \pm g(x)\}\, dx = \int_a^b f(x)\, dx \pm \int_a^b g(x)\, dx$
　　　　　　　　　　　　　　　　　　　　　　（複号同順）

（2） $\displaystyle\int_a^b k f(x)\, dx = k \int_a^b f(x)\, dx$ 　　（k：定数）

区間 $a \leqq x \leqq b$ で常に $f(x) \geqq 0$ とする．曲線 $y = f(x)$ と x 軸，および2直線 $x = a,\ x = b$ で囲まれた図形の面積 S は

$$S = \int_a^b f(x)\, dx$$

で与えられる．なお $f(x) \leqq 0$ の場合，S は負の面積を表す．区間 $a \leqq x \leqq b$ において，2つの曲線 $y = f(x)$，$y = g(x)$（$f(x) \geqq g(x)$）の間にある部分の面積は $S = \displaystyle\int_a^b \{f(x) - g(x)\}\, dx$ で与えられる．

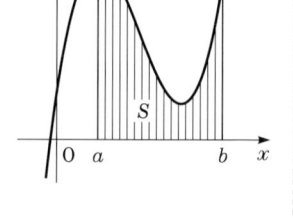

14.2 定積分

例題 14.2 次の定積分の値を求めよ．

（1） $\displaystyle\int_0^1 (3x+1)\,dx$ 　　　　　（2） $\displaystyle\int_1^3 (2x^2-1)\,dx$

（3） $\displaystyle\int_{-1}^1 (x^3+2x^2-x+1)\,dx$

（4） $\displaystyle\int_0^2 \sqrt{x}\,dx$ 　　　　　（5） $\displaystyle\int_0^1 (2x^2+\sqrt[3]{x})\,dx$

【解答】 定積分の基本性質を用いて計算する．

（1） $\displaystyle\int_0^1 (3x+1)\,dx = 3\int_0^1 x\,dx + \int_0^1 dx$

$\displaystyle\qquad = 3\left[\frac{1}{2}x^2\right]_0^1 + \left[x\right]_0^1 = \frac{3}{2}+1 = \frac{5}{2}$

（2） $\displaystyle\int_1^3 (2x^2-1)\,dx = 2\int_1^3 x^2\,dx - \int_1^3 dx$

$\displaystyle\qquad = 2\left[\frac{1}{3}x^3\right]_1^3 - \left[x\right]_1^3 = \frac{52}{3}-2 = \frac{46}{3}$

（3） $\displaystyle\int_{-1}^1 (x^3+2x^2-x+1)\,dx = \int_{-1}^1 x^3\,dx + 2\int_{-1}^1 x^2\,dx - \int_{-1}^1 x\,dx + \int_{-1}^1 dx$

$\displaystyle = \left[\frac{1}{4}x^4\right]_{-1}^1 + 2\left[\frac{1}{3}x^3\right]_{-1}^1 - \left[\frac{1}{2}x^2\right]_{-1}^1 + \left[x\right]_{-1}^1 = \frac{4}{3}+2 = \frac{10}{3}$

（4） $\displaystyle\int_0^2 \sqrt{x}\,dx = \int_0^2 x^{\frac{1}{2}}\,dx = \left[\frac{2}{3}x^{\frac{3}{2}}\right]_0^2 = \frac{4\sqrt{2}}{3}$

（5） $\displaystyle\int_0^1 (2x^2+\sqrt[3]{x})\,dx = 2\int_0^1 x^2\,dx + \int_0^1 x^{\frac{1}{3}}\,dx$

$\displaystyle\qquad = 2\left[\frac{1}{3}x^3\right]_0^1 + \left[\frac{3}{4}x^{\frac{4}{3}}\right]_0^1 = \frac{2}{3}+\frac{3}{4} = \frac{17}{12}$

問題 14.2 次の定積分の値を求めよ．

（1） $\displaystyle\int_0^1 (x+1)\,dx$ 　　　　　（2） $\displaystyle\int_{-1}^2 (2x^2-x+1)\,dx$

（3） $\displaystyle\int_{-1}^2 (4x^3+2x^2-3x+5)\,dx$

（4） $\displaystyle\int_1^3 (\sqrt{x}-1)\,dx$ 　　　　　（5） $\displaystyle\int_1^2 \left(\sqrt[3]{x^2}-\frac{1}{x^2}\right)dx$

付録 A　2次曲線

本章では楕円，双曲線，放物線を扱う．これらと円はいずれも x, y の2次方程式で表されるので**2次曲線**と呼ばれる．

A1.1　楕　円

平面上の2定点 F_1, F_2 からの距離の和 $PF_1 + PF_2$ が一定($=2a$)である点 P の軌跡を**楕円**といい，これらの2定点を**焦点**という．$P(x, y)$，および2定点を $F_1(c, 0)$，$F_2(-c, 0)$ にとって，$a > c > 0$ を仮定すると，等式
$$PF_1 + PF_2 = 2a$$
$$\iff \sqrt{(x-c)^2 + y^2} + \sqrt{(x+c)^2 + y^2} = 2a$$
から，式変形により次式を得る．
$$(a^2 - c^2)x^2 + a^2 y^2 = a^2(a^2 - c^2)$$
$a^2 - c^2 > 0$ より $a^2 - c^2 = b^2$，$b > 0$ とおくと，楕円の方程式の標準形
$$\frac{x^2}{a^2} + \frac{y^2}{b^2} = 1 \quad (a > b > 0) \tag{A.1}$$
を得る．ここで，$a^2 - c^2 = b^2$ より $c = \sqrt{a^2 - b^2}$ であるから，(A.1) は焦点が $F_1(\sqrt{a^2 - b^2}, 0)$，$F_2(-\sqrt{a^2 - b^2}, 0)$，長軸 $2a$，短軸 $2b$ の楕円を表す．また，2焦点からの距離の和は $2a$ に等しい．

【コメント】 $b > a > 0$ のとき，
$$\frac{x^2}{a^2} + \frac{y^2}{b^2} = 1 \quad (b > a > 0) \tag{A.2}$$
は，焦点が $F_1(0, \sqrt{a^2 - b^2})$，$F_2(0, -\sqrt{a^2 - b^2})$，長軸 $2b$，短軸 $2a$ の楕円を表す．また，2焦点からの距離の和は $2b$ に等しい．　■

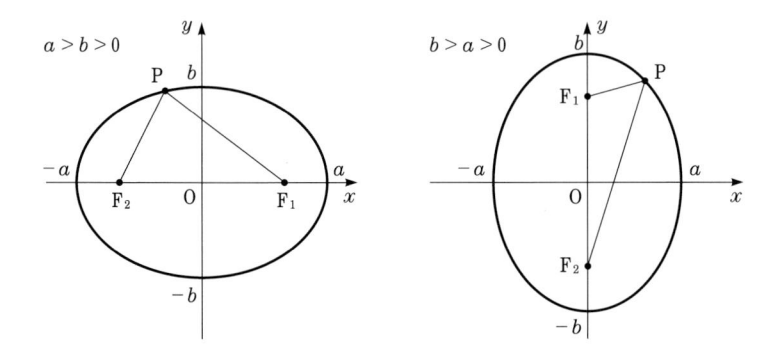

A1.2 双曲線

平面上の 2 定点 F_1, F_2 からの距離の差 $|PF_1 - PF_2|$ が一定 ($= 2a$) である点 P の軌跡を**双曲線**といい，これらの 2 定点を**焦点**という．$P(x, y)$，および 2 定点を $F_1(c, 0)$, $F_2(-c, 0)$ にとって，$c > a > 0$ を仮定すると，等式

$$PF_1 - PF_2 = \pm 2a$$
$$\iff \sqrt{(x-c)^2 + y^2} - \sqrt{(x+c)^2 + y^2} = \pm 2a$$

から式変形により次式を得る．

$$(c^2 - a^2)x^2 - a^2 y^2 = a^2(c^2 - a^2)$$

$c^2 - a^2 > 0$ より $c^2 - a^2 = b^2$，$b > 0$ とおくと，双曲線の方程式の標準形

$$\frac{x^2}{a^2} - \frac{y^2}{b^2} = 1 \tag{A.3}$$

を得る．ここで，$c^2 - a^2 = b^2$ より $c = \sqrt{a^2 + b^2}$ であるから，(A.3) は焦点が $F_1(\sqrt{a^2+b^2}, 0)$，$F_2(-\sqrt{a^2+b^2}, 0)$ の双曲線を表す．また，2 焦点からの距離の差は $2a$ に等しい．

双曲線 (A.3) は，原点から遠ざかるにしたがって 2 本の定直線

$$y = \frac{b}{a}x, \quad y = -\frac{b}{a}x$$

に限りなく近づく．この 2 直線を双曲線 (A.3) の**漸近線**という．

【コメント】

$$\frac{x^2}{a^2} - \frac{y^2}{b^2} = -1 \tag{A.4}$$

は y 軸上の2点 $F_1(0, \sqrt{a^2+b^2})$, $F_2(0, -\sqrt{a^2+b^2})$ を焦点とする双曲線を表す. また, 2焦点からの距離の差は $2b$ に等しく, 漸近線は (A.3) と同様に $y = \dfrac{b}{a}x$, $y = -\dfrac{b}{a}x$ である. ∎

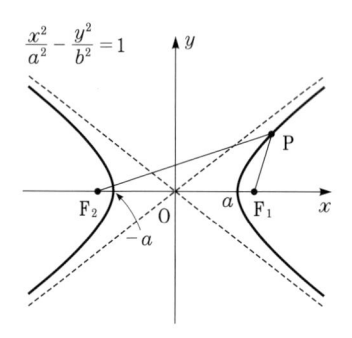

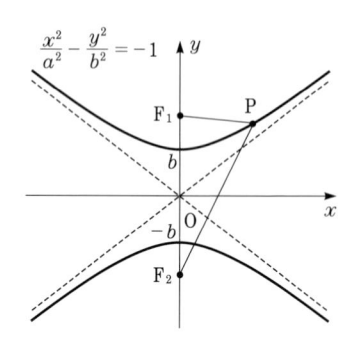

A1.3 放物線

平面上で, 定点 F と F を通らない定直線 l から等距離にある点 P の軌跡を**放物線**と呼ぶ. このとき, F を**焦点**, l を**準線**という. $F(p, 0)$, $l: x = -p$ にとると, 点 $P(x, y)$ の軌跡は次の方程式 (放物線の標準形) で与えられる.

$$y^2 = 4px \qquad (A.5)$$

【コメント】 $y = ax^2$ は焦点が $F\left(0, \dfrac{1}{4a}\right)$, 準線が $l: y = -\dfrac{1}{4a}$ の放物線を表す. ∎

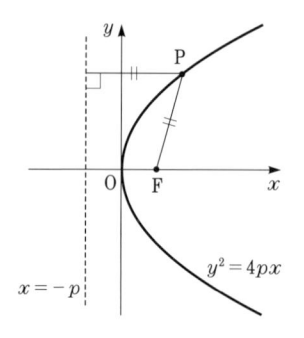

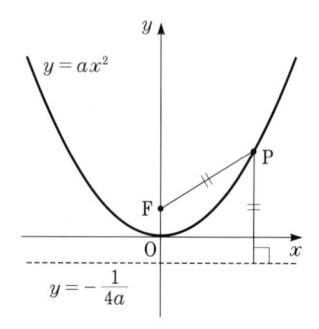

問題の解答

第 0 章

問題 0.1 （1） 40　　（2） $\dfrac{5}{6}$　　（3） 20　　（4） -2　　（5） $\dfrac{2}{15}$

（6） $-\dfrac{1}{6}$

問題 0.2 （1） -2　　（2） $\dfrac{5}{4}$　　（3） $\dfrac{3}{14}$　　（4） $\dfrac{7}{2}$

問題 0.3 （1） x^5　　（2） t^7　　（3） $24a^5$　　（4） $\dfrac{1}{2}a^5$　　（5） $p^{10}q^{11}$

（6） $-a^4b^3$　　（7） $\dfrac{8}{3}ab^6c^5$　　（8） $x^4y^{12}z^6$

問題 0.4 （1） $-3x+4y-4$　　（2） $13t^2+6t-7$　　（3） $\dfrac{2x^2-5}{3}$

（4） $\dfrac{-2p-16q}{15}$

第 1 章

問題 1.1 （1） $-3a^4+6a^3b+6a^2b^2$　　（2） x^3+x^2+x+1

（3） $6x^2+5xy-6y^2$　　（4） a^3+3a^2-a-3

問題 1.2 （1） $a^2+\dfrac{1}{a^2}+2$　　（2） x^2-9y^2　　（3） $t^2-5t-36$

（4） $6x^2+x-12$　　（5） $x^2-\dfrac{1}{2}x-\dfrac{10}{9}$　　（6） $x^2-y^2-z^2+2yz$

問題 1.3 （1） $a^2b^3c(a+bc+bc^2)$　　（2） $(5a-2b)^2$

（3） $3(x+2y)(x-4y)$　　（4） $(x+12)(x-3)$　　（5） $(a+11)(a+4)$

（6） $(t-3)(t-16)$　　（7） $2(x-5)(x-6)$　　（8） $(3x+7)(x-2)$

（9） $(3x-4)(4x-3)$　　（10） $(2x-3)(6x+5)$

問題 1.4 （1） $8a^3-36a^2b+54ab^2-27b^3$　　（2） x^3+125

問題 1.5 （1） $(3a-1)^3$　　（2） $(5x-4)(25x^2+20x+16)$

（3） $9(x+2)(x^2+5x+7)$　　（4） $(x+y-1)(x^2+y^2+2xy+x+y+1)$

問題 1.6　（1）$\dfrac{x+1}{x(x+4)}$　　（2）$\dfrac{(x-2)(x+5)}{(x-4)(x+7)}$　　（3）x^2+3x+9

（4）$\dfrac{3}{(x-1)(x+2)}$　　（5）$\dfrac{1}{x-1}$　　（6）$\dfrac{x+4}{3(x+3)}$

第2章

問題 2.1　（1）± 12　　（2）13　　（3）$5-2\sqrt{3}$　　（4）$-3+\sqrt{3}+\sqrt{2}$

（5）128　　（6）81

問題 2.2　（1）$-\sqrt{7}$　　（2）$7-2\sqrt{10}$　　（3）1　　（4）$3-2\sqrt{2}$

（5）$34-2\sqrt{7}$　　（6）$5\sqrt{2}-7$

問題 2.3　（1）$\sqrt{3}+\sqrt{2}$　　（2）$\dfrac{\sqrt{14}-\sqrt{10}}{2}$　　（3）$\dfrac{2+\sqrt{2}-\sqrt{6}}{4}$

問題 2.4　（1）$\sqrt{10}+\sqrt{3}$　　（2）$3-2\sqrt{2}$　　（3）$\dfrac{3\sqrt{2}+\sqrt{10}}{2}$

問題 2.5　（1）5　　（2）-4　　（3）$\dfrac{3}{8}$　　（4）$\dfrac{10}{3}$　　（5）49

（6）6　　（7）2　　（8）-1

問題 2.6　（1）0　　（2）$\dfrac{4\sqrt{x}}{1-x}$

第3章

問題 3.1　（1）$x=-\dfrac{5}{2}$　　（2）$x=-2$　　（3）$x=\dfrac{5}{6}$

（4）$x=5-2\sqrt{6}$

問題 3.2　（1）$(x,y)=\left(-\dfrac{7}{2},3\right)$　　（2）$(x,y,z)=(1,1,0)$

問題 3.3　（1）$x<2$　　（2）$x\leqq -4$　　（3）$x\leqq \dfrac{4}{3}$　　（4）$x>4+3\sqrt{2}$

（5）解なし　　（6）$\dfrac{7}{2}\leqq x<2\sqrt{2}+\sqrt{3}$

第4章

問題 4.1　（1）$-7+5i$　　（2）8　　（3）$7+11i$　　（4）$-8+6i$

（5）17　　（6）$\dfrac{1-13i}{10}$

問題 4.2 （1） $x = 4, 9$ （2） $x = -8, 5$ （3） $x = \dfrac{3}{4}, \dfrac{4}{3}$

（4） $x = 0, -\dfrac{\sqrt{2}}{2}$ （5） $x = \dfrac{9 \pm \sqrt{57}}{4}$ （6） $x = \dfrac{-1 \pm \sqrt{5}}{4}$

（7） $x = \dfrac{-3 \pm \sqrt{11}i}{2}$ （8） $x = -3 \pm \sqrt{2}i$ （9） $x = \dfrac{-1 \pm 2i}{5}$

（10） $\dfrac{-\sqrt{3} \pm \sqrt{7}}{2}$ （11） $\sqrt{5} \pm i$ （12） $\dfrac{-2 \pm 2\sqrt{2}}{3}$

第 5 章

問題 5.1 （1） 商 $x^2 - x - 4$, 余り $-4x - 5$ （2） 商 $2x^2 - 2x + \dfrac{1}{2}$, 余り $\dfrac{1}{2}$

（3） 商 $x^3 - x - 1$, 余り $x^2 + 2x + 1$

問題 5.2 （1） 9 （2） 3 （3） 0 （4） -10

問題 5.3 （1） $x = -3, -1, 2$ （2） $x = 4, -2 \pm \sqrt{3}$

（3） $x = -1, \dfrac{-5 \pm \sqrt{3}i}{2}$ （4） $x = 2, \dfrac{3}{2}, -\dfrac{1}{2}$

（5） $x = 1, -2, \dfrac{1 \pm \sqrt{3}i}{2}$ （6） $x = 1, -4, \dfrac{-3 \pm \sqrt{15}i}{2}$

第 6 章

問題 6.1 （1） $f(0) = 2,\ f(-1) = 3,\ f(-a) = a + 2,\ f(a+1) = -a + 1$

（2） $f(0) = -\dfrac{2}{3},\ f(-1) = -1,\ f(-a) = -\dfrac{a}{3} - \dfrac{2}{3},\ f(a+1) = \dfrac{a}{3} - \dfrac{1}{3}$

（3） $f(0) = 1,\ f(-1) = 3,\ f(-a) = a^2 + a + 1,\ f(a+1) = a^2 + a + 1$

（4） $f(0) = 1,\ f(-1) = 1,\ f(-a) = -\dfrac{a^2}{2} + \dfrac{a}{2} + 1,\ f(a+1) = -\dfrac{a^2}{2} - \dfrac{3}{2}a$

問題 6.2 （1） （2）

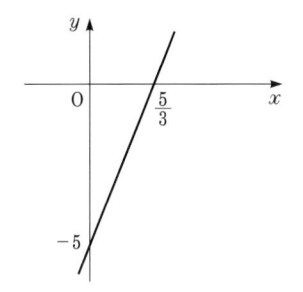

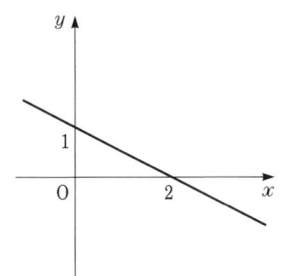

(3)

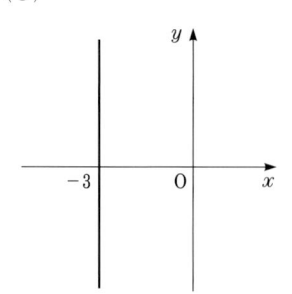

(4)

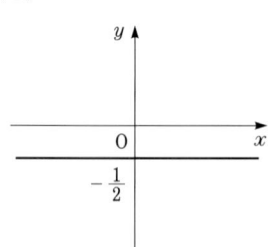

(5)

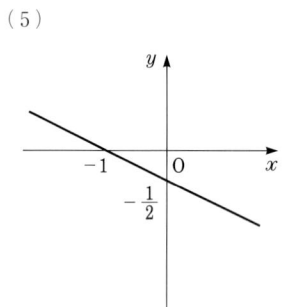

(6)

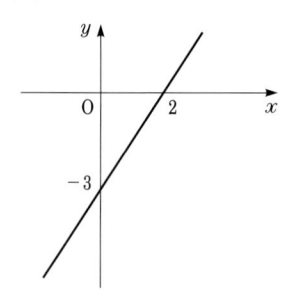

問題 6.3 (1)

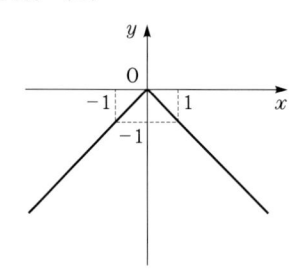

(2)

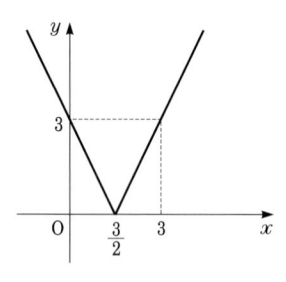

(3)

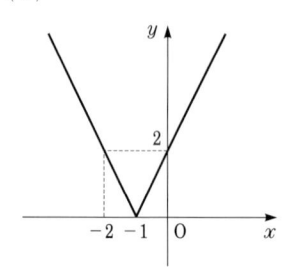

(4)

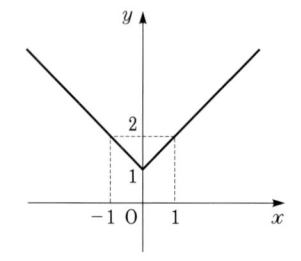

第 7 章

問題 7.1

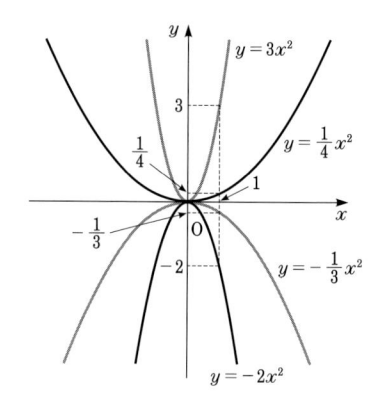

問題 7.2 （1） 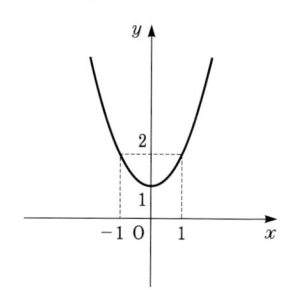 （2）

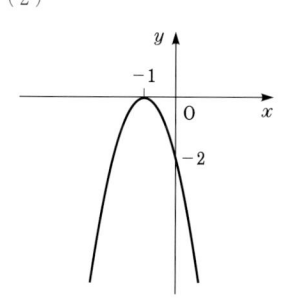

（3） 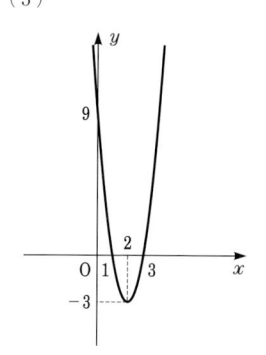 （4）

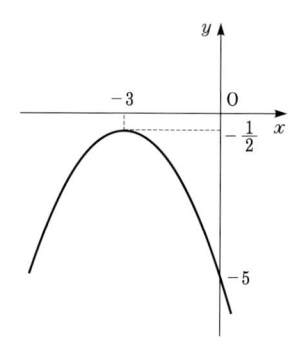

問題 7.3

(1) $x^2 + 2x + 2 = (x+1)^2 + 1$
より，

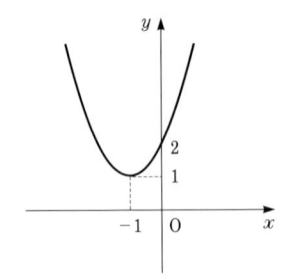

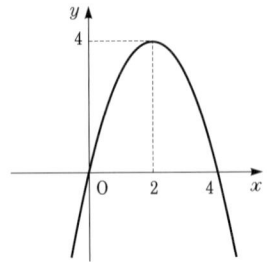

(2) $-x^2 + 4x = -(x-2)^2 + 4$
より，

(3) $2x^2 + 6x + 5 = 2\left(x + \dfrac{3}{2}\right)^2 + \dfrac{1}{2}$
より，

(4) $-3x^2 - 3x + 6 = -3\left(x + \dfrac{1}{2}\right)^2 + \dfrac{27}{4}$
より，

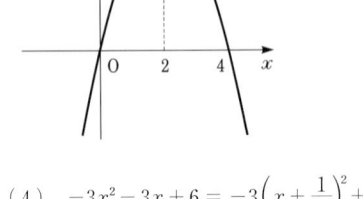

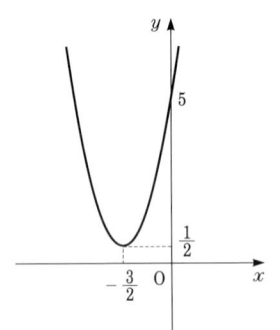

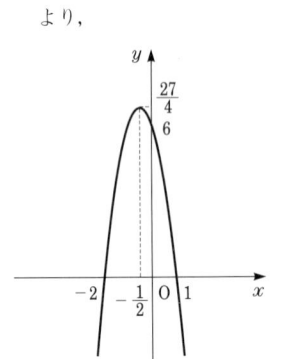

(5) $\dfrac{1}{2}x^2 - 2x + \dfrac{3}{2} = \dfrac{1}{2}(x-2)^2 - \dfrac{1}{2}$
より，

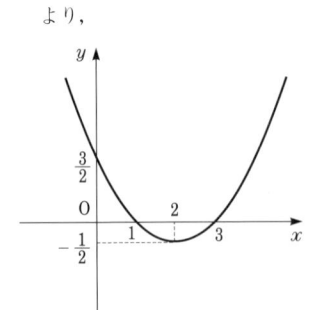

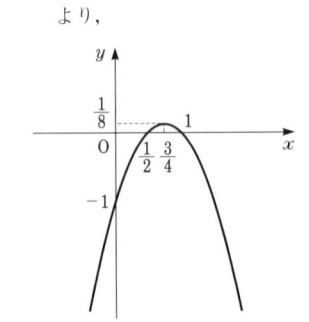

(6) $-2x^2 + 3x - 1 = -2\left(x - \dfrac{3}{4}\right)^2 + \dfrac{1}{8}$
より，

問題 7.4 （1） グラフより，$x < \frac{1}{3}$　　（2） グラフより，$x \leqq 1$

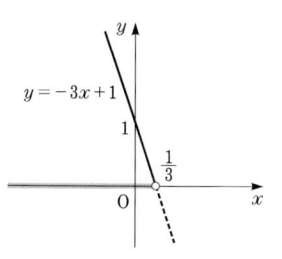

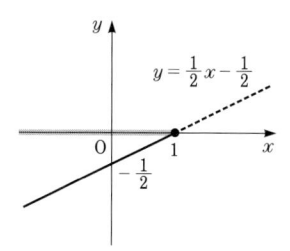

問題 7.5 （1） $-1 < x < 2$　　（2） $x \leqq -3, -2 \leqq x$　　（3） $x < -1, 1 < x$
（4） $\frac{1}{2} \leqq x \leqq 2$

問題 7.6 （1） $x < -2, \frac{3}{2} < x$　　（2） $\frac{3-\sqrt{17}}{2} \leqq x \leqq \frac{3+\sqrt{17}}{2}$
（3） $x < \frac{1-\sqrt{7}}{3}, \frac{1+\sqrt{7}}{3} < x$　　（4） すべての実数　　（5） 解なし
（6） $(2x-3)^2 \leqq 0$ より，$x = \frac{3}{2}$

問題 7.7 （1） 境界を含まない　　（2） 境界を含む

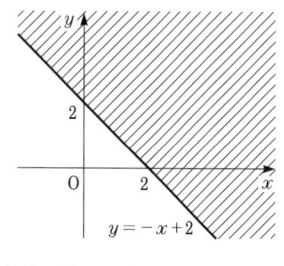

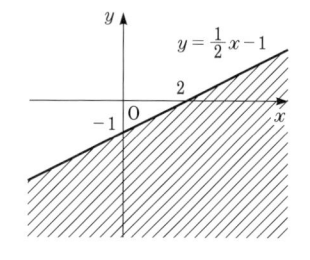

（3） 境界を含む　　（4） 境界を含まない

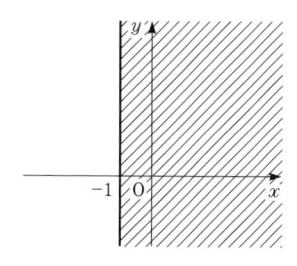

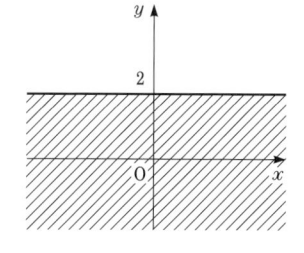

(5) 境界を含まない

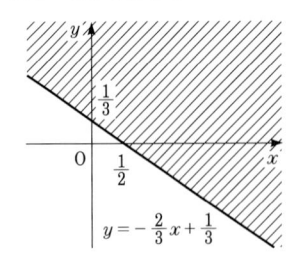

$y = -\dfrac{2}{3}x + \dfrac{1}{3}$

(6) 境界を含まない

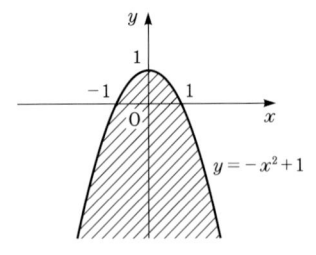

$y = -x^2 + 1$

(7) 境界を含む

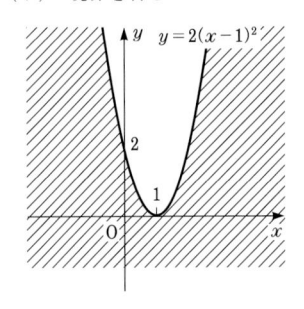

$y = 2(x-1)^2$

(8) 境界を含まない

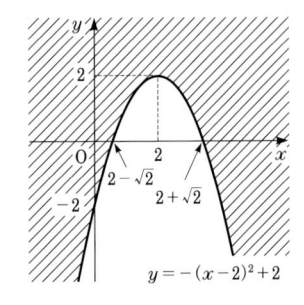

$y = -(x-2)^2 + 2$

(9) 境界を含まない

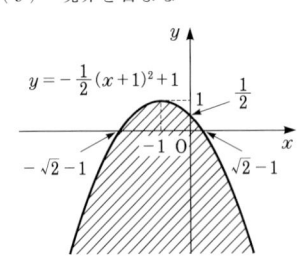

$y = -\dfrac{1}{2}(x+1)^2 + 1$

(10) 境界を含む

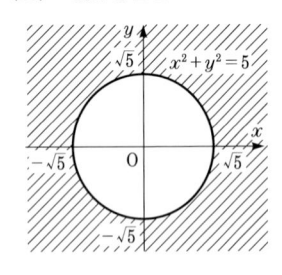

$x^2 + y^2 = 5$

(11) 境界を含む

$(x-1)^2 + (y-1)^2 = 1$

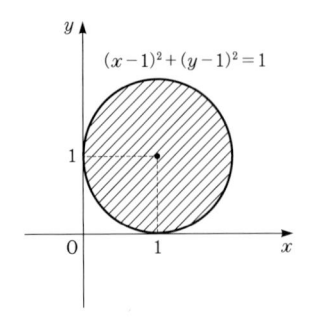

(12) 境界を含まない

$(x-1)^2 + \left(y + \dfrac{3}{2}\right)^2 = \dfrac{1}{4}$

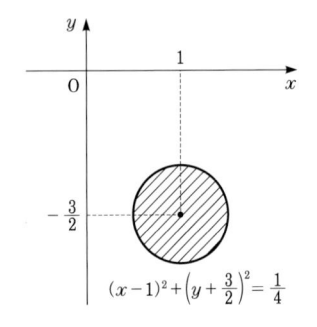

問題 7.8 （1） 境界を含まない　　（2） 境界を含む

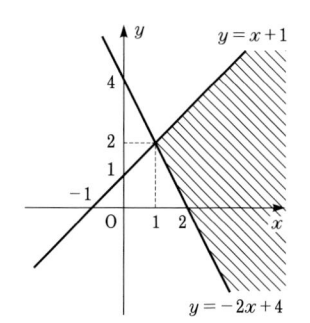

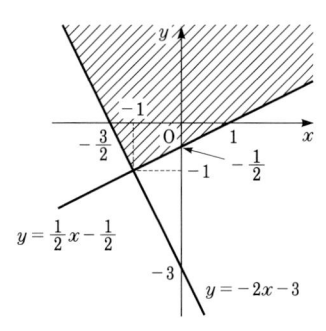

（3） 境界を含む 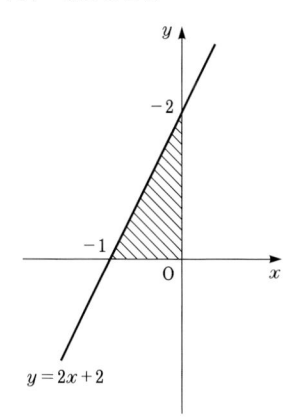　　（4） 境界を含む

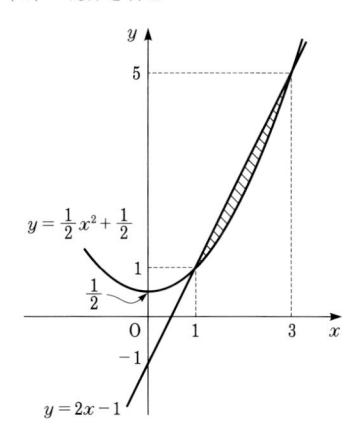

（5） 境界を含まない 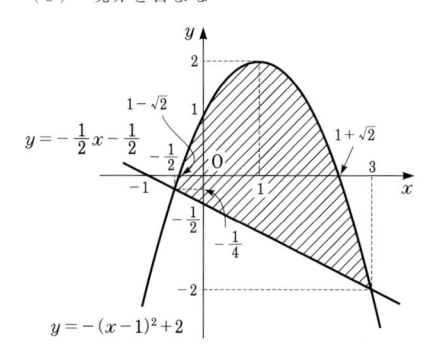　　（6） 境界を含まない

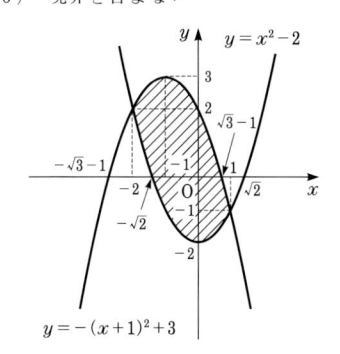

(7) 境界を含む　　　　　　　　(8) 境界を含まない

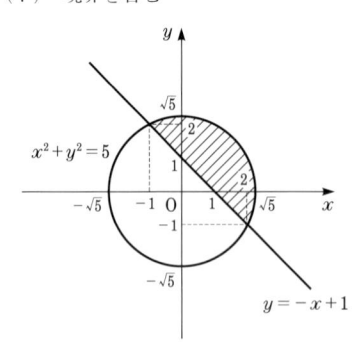

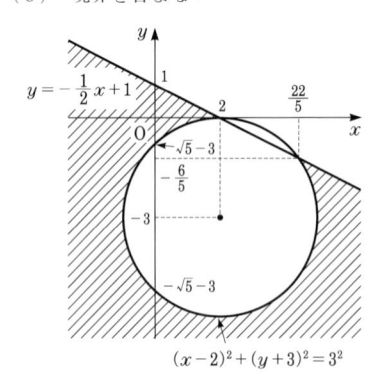

第8章

問題 8.1　(1)　　(2) 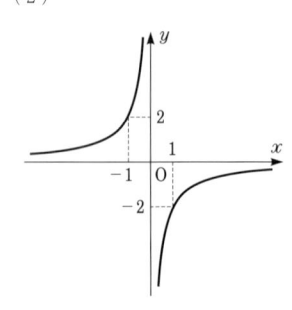　　(3) 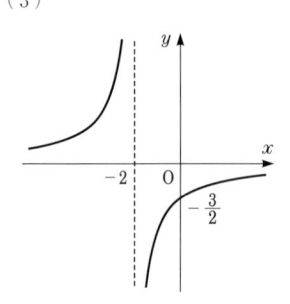　　(4)

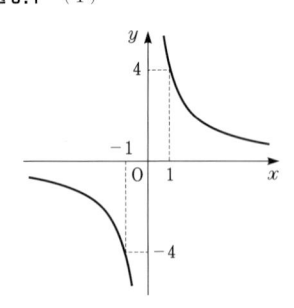

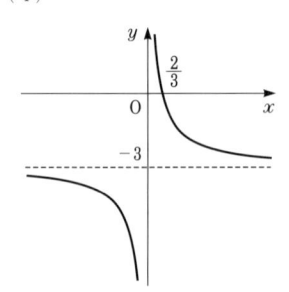

(5)

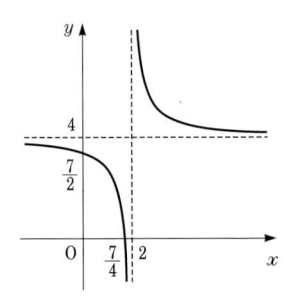

問題 8.2

(1) $\dfrac{x+1}{x-1} = \dfrac{2}{x-1} + 1$ より，

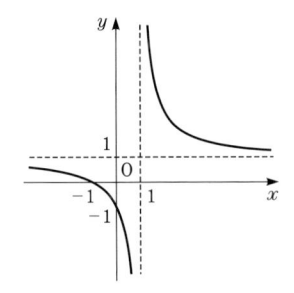

(2) $\dfrac{3x}{x+1} = -\dfrac{3}{x+1} + 3$ より，

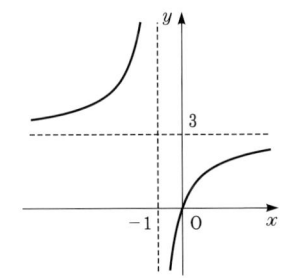

(3) $-\dfrac{3x-5}{x-1} = \dfrac{2}{x-1} - 3$ より，

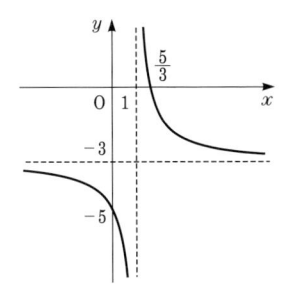

(4) $\dfrac{2x+5}{2x+1} = \dfrac{2}{x+\dfrac{1}{2}} + 1$ より，

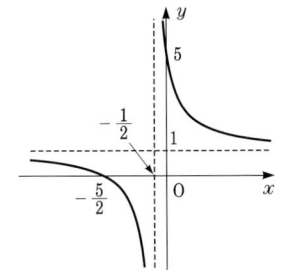

問題 8.3 （1） （2）

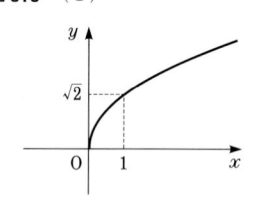

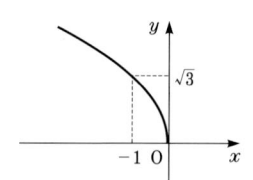

（3） 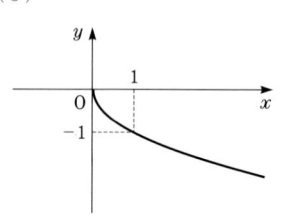 （4）

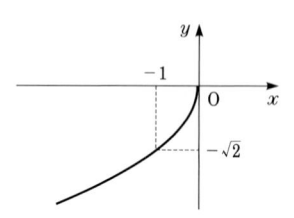

問題 8.4 （1） 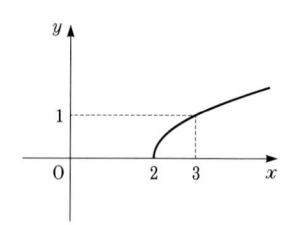 （2） $-\sqrt{2x+1} = -\sqrt{2\left(x+\frac{1}{2}\right)}$ より，

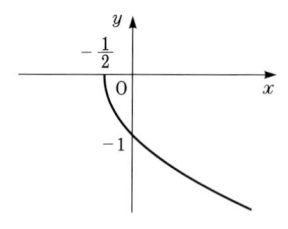

（3） $-\sqrt{-3x+1} = -\sqrt{-3\left(x-\frac{1}{3}\right)}$ （4） $\sqrt{3-2x} = \sqrt{-2\left(x-\frac{3}{2}\right)}$ より，

より，

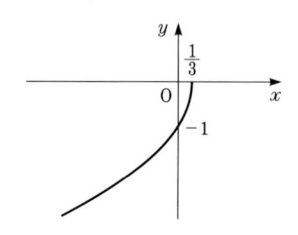

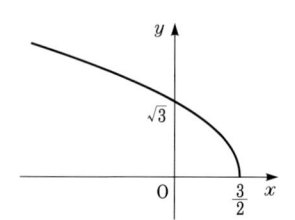

問題 8.5 （1） $y = 3x + 3$ （2） $y = \dfrac{1}{x-2}$ （3） $y = \sqrt{1-x}$

（4） $y = \dfrac{1}{2}x^2 + \dfrac{1}{2}$ （$x \geqq 0$）

問題 8.6 （1） $f(g(x)) = 4x^2$, $g(f(x)) = -2(x-1)^2 + 1 \ (= -2x^2 + 4x - 1)$

（2） $f(g(x)) = \dfrac{4}{x+4}$, $g(f(x)) = \dfrac{1}{x+1} + 1 \ \left(= \dfrac{x+2}{x+1}\right)$

問題 8.7 $f^{-1}(x) = \dfrac{1}{x} + 1$ より, $f(f^{-1}(x)) = f\left(\dfrac{1}{x} + 1\right) = \dfrac{1}{\dfrac{1}{x} + 1 - 1} = \dfrac{1}{\dfrac{1}{x}} = x$

第 9 章

問題 9.1 （1） $a^{\frac{1}{4}}$ （2） $a^{\frac{4}{3}}$ （3） $a^{-\frac{2}{5}}$

（4） $a^{\frac{3}{2}}$

問題 9.2 （1） $\dfrac{1}{5}$ （2） $\dfrac{1}{9}$ （3） $\dfrac{64}{27}$

（4） $\sqrt[4]{6}$

問題 9.3 （1） $a^{-\frac{1}{4}}$ （2） $a^{-\frac{5}{12}}$ （3） $a^{\frac{7}{6}} b^{\frac{5}{4}}$

（4） $a^{\frac{7}{6}} b^{\frac{7}{12}}$

問題 9.4 右の図

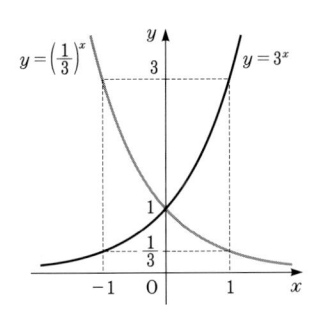

第 10 章

問題 10.1 （1） $\log_4 64 = 3$ （2） $\log_{10} 0.01 = -2$ （3） $\log_{16} 8 = \dfrac{3}{4}$

問題 10.2 （1） 3 （2） -4 （3） $\dfrac{3}{2}$

（4） $-\dfrac{1}{2}$ （5） -3 （6） 2

問題 10.3 （1） 2 （2） $\dfrac{3}{2}$ （3） 1

（4） $\dfrac{13}{6}$ （5） $\dfrac{7}{2}$ （6） $-\dfrac{1}{6}$

問題 10.4 （1） $\dfrac{\log_{10} 3}{\log_{10} 2}$ （2） $\dfrac{2}{\log_{10} 3}$

問題 10.5 （1） $\dfrac{3}{4}$ （2） $\dfrac{3}{2}$ （3） $\dfrac{2}{15}$

（4） $\dfrac{5}{2}$

問題 10.6 右の図

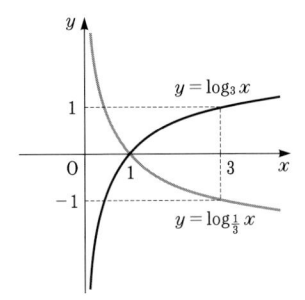

第11章

問題 11.1 $\sin\alpha = \dfrac{5}{13}$, $\cos\alpha = \dfrac{12}{13}$, $\tan\alpha = \dfrac{5}{12}$, $\sin\beta = \dfrac{12}{13}$, $\cos\beta = \dfrac{5}{13}$, $\tan\beta = \dfrac{12}{5}$

問題 11.2 設問の順に $\dfrac{\sqrt{3}}{2}$, $\dfrac{1}{2}$, $\dfrac{1}{\sqrt{3}}$, 1

問題 11.3 設問の順に $\dfrac{7}{36}\pi$, $\dfrac{7}{9}\pi$, $135°$, $300°$

問題 11.4 設問の順に $\dfrac{\sqrt{3}}{2}$, $\dfrac{1}{2}$, $\sqrt{3}$

問題 11.5 （1） $\sin\dfrac{4}{3}\pi = -\dfrac{\sqrt{3}}{2}$, $\cos\dfrac{4}{3}\pi = -\dfrac{1}{2}$, $\tan\dfrac{4}{3}\pi = \sqrt{3}$

（2） $\sin\left(-\dfrac{\pi}{4}\right) = -\dfrac{1}{\sqrt{2}}$, $\cos\left(-\dfrac{\pi}{4}\right) = \dfrac{1}{\sqrt{2}}$, $\tan\left(-\dfrac{\pi}{4}\right) = -1$

（3） $\sin\dfrac{11}{3}\pi = -\dfrac{\sqrt{3}}{2}$, $\cos\dfrac{11}{3}\pi = \dfrac{1}{2}$, $\tan\dfrac{11}{3}\pi = -\sqrt{3}$

（4） $\sin(-5\pi) = 0$, $\cos(-5\pi) = -1$, $\tan(-5\pi) = 0$

問題 11.6 $\cos\theta = \dfrac{4}{5}$ のとき $\tan\theta = -\dfrac{3}{4}$, $\cos\theta = -\dfrac{4}{5}$ のとき $\tan\theta = \dfrac{3}{4}$

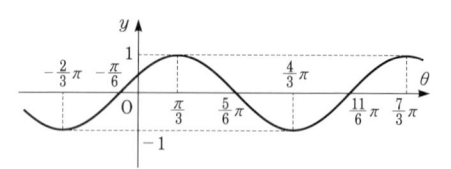

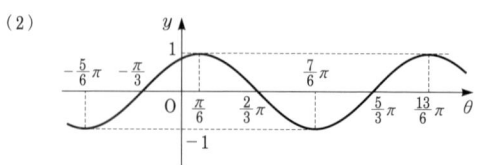

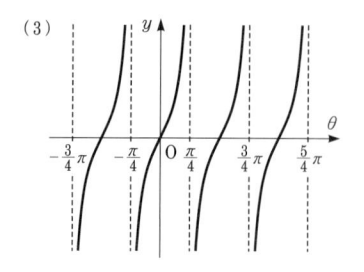

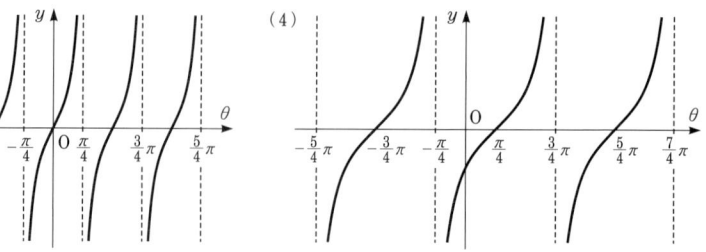

問題 11.7 （1） $y = \sin\theta$ のグラフを θ 軸方向に $-\dfrac{\pi}{6}$ だけ平行移動したもので，周期は 2π である．

（2） $y = \cos\theta$ のグラフを θ 軸方向に $\dfrac{\pi}{6}$ だけ平行移動したもので，周期は 2π である．

問題の解答

(3) $y = \tan\theta$ のグラフを θ 軸方向に $\frac{1}{2}$ 倍に縮小したもので,周期は $\frac{\pi}{2}$ である.

(4) $y = \tan\theta$ のグラフを θ 軸方向に $\frac{\pi}{4}$ だけ平行移動したもので,周期は π である.

問題 11.8 後が一般角 (1) $\theta = \frac{\pi}{3}, \frac{2}{3}\pi$; $\theta = \frac{\pi}{3} + 2n\pi, \frac{2}{3}\pi + 2n\pi$ (n は整数)

(2) $\theta = \frac{\pi}{6}, \frac{5}{6}\pi$; $\theta = \frac{\pi}{6} + 2n\pi, \frac{5}{6}\pi + 2n\pi$ (n は整数)

(3) $\theta = \frac{3}{4}\pi, \frac{5}{4}\pi$; $\theta = \frac{3}{4}\pi + 2n\pi, \frac{5}{4}\pi + 2n\pi$ (n は整数)

(4) $\theta = \frac{7}{6}\pi, \frac{11}{6}\pi$; $\theta = \frac{7}{6}\pi + 2n\pi, \frac{11}{6}\pi + 2n\pi$ (n は整数)

(5) $\theta = \frac{\pi}{3}, \frac{4}{3}\pi$; $\theta = \frac{\pi}{3} + n\pi$ (n は整数)

(6) $\theta = \frac{\pi}{4}, \frac{5}{4}\pi$; $\theta = \frac{\pi}{4} + n\pi$ (n は整数)

問題 11.9 (1) $\frac{\sqrt{6}-\sqrt{2}}{4}$ (2) $2+\sqrt{3}$ (3) $\frac{\sqrt{6}+\sqrt{2}}{4}$

(4) $-\frac{\sqrt{6}-\sqrt{2}}{4}$ (5) $-2-\sqrt{3}$

問題 11.10 (1) $-\frac{3\sqrt{7}}{8}$ (2) $-\frac{1}{8}$ (3) $3\sqrt{7}$

問題 11.11 (1) $2\sin\left(\theta+\frac{\pi}{3}\right)$ (2) $2\sqrt{3}\sin\left(\theta-\frac{\pi}{6}\right)$

(3) $2\sin\left(\theta-\frac{5}{6}\pi\right)$

第 12 章

問題 12.1 (1) 1 (2) $-\frac{1}{2}$ (3) $\frac{1}{4}$ (4) $\frac{2}{9}$

問題 12.2 (1) 2 (2) $\frac{3}{2}$ (3) 0 (4) ∞ (5) 2

第 13 章

問題 13.1 $f'(-1) = 5$

問題 13.2 $y = -x - 1$

問題 13.3 (1) $y' = \frac{1}{3}x^{-\frac{2}{3}} = \frac{1}{3\sqrt[3]{x^2}}$ (2) $y' = \frac{3}{2}x^{\frac{1}{2}} = \frac{3}{2}\sqrt{x}$

問題 13.4 （1） $y' = -3x^2 - 10x + 2$　　（2） $y' = 6x^2 + 6x + 2$

（3） $y' = 3x + \dfrac{5}{4}x^{-\frac{1}{2}} + \dfrac{1}{2}x^{-2} = 3x + \dfrac{5}{4\sqrt{x}} + \dfrac{1}{2x^2}$　　（4） $y' = -\dfrac{2}{(2x+1)^2}$

（5） $y' = -\dfrac{2(x^2 + 3x - 1)}{(x^2+1)^2}$

問題 13.5 （1） $y' = -24x(1 - 3x^2)^3$　　（2） $y' = -\dfrac{8}{(2x+1)^5}$

（3） $y' = \dfrac{x}{\sqrt{x^2+1}}$

問題 13.6 グラフは，それぞれの増減表の下に示す．

（1）

x	$\cdots$	0	$\cdots$	2	$\cdots$
y'	$+$	0	$-$	0	$+$
y	↗	2 極大	↘	-2 極小	↗

（2）

x	$\cdots$	0	$\cdots$
y'	$+$	0	$+$
y	↗	0	↗

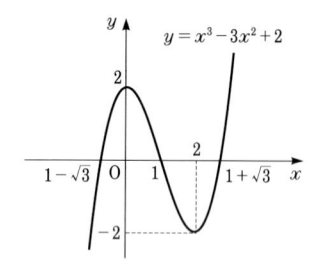

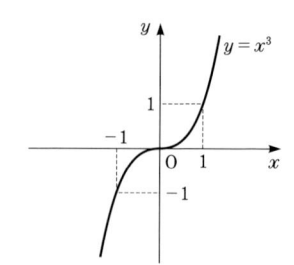

第14章

問題 14.1 C は積分定数　（1） $\dfrac{1}{2}x^2 - x + C$　　（2） $\dfrac{1}{3}x^3 + \dfrac{3}{2}x^2 - x + C$

（3） $x^4 + x^3 + 2x + C$　　（4） $\dfrac{3}{4}x^{\frac{4}{3}} + C = \dfrac{3}{4}x\sqrt[3]{x} + C$

（5） $\dfrac{2}{3}x^{\frac{3}{2}} - \dfrac{1}{2}x^{-2} + C = \dfrac{2}{3}x\sqrt{x} - \dfrac{1}{2x^2} + C$

問題 14.2 （1） $\dfrac{3}{2}$　　（2） $\dfrac{15}{2}$　　（3） $\dfrac{63}{2}$　　（4） $2\sqrt{3} - \dfrac{8}{3}$

（5） $\dfrac{6}{5}\sqrt[3]{4} - \dfrac{11}{10}$

索　引

ア 行

移項　22
1次関数　38
1次不等式　25, 45
1次方程式　22
一般角　71
因数定理　34
因数分解　8, 11

x 切片　38
n 乗根　19
円　47

カ 行

解の公式　30
加法定理　78
関数　36

逆関数　55
極限値　83
極小　92
　——値　92
極大　92
　——値　92
極値　93
虚数　27

——単位　27
虚部　27

組み立て除法　33
グラフ　37

原始関数　94

合成関数　57
　——の微分法　92
コサイン　68
弧度法　69
根号　15

サ 行

サイン　68
三角関数　71
　——の合成　82
三角比　68
3倍角の公式　81

軸（放物線の）　42
指数　4
　——関数　61
　——法則　4, 60
始線　71
自然対数　95

実数　27
実部　27
周期　74
収束する　83
純虚数　27
準線　100
定数関数　90
焦点（双曲線の）　99
　——（楕円の）　98
　——（放物線の）　100
剰余定理　34
除法の原理　32
真数　63

正弦　68
整式　7
　——の割り算　32
正接　68
正の角　71
正の無限大　83
積分定数　94
積分する　94
積を和になおす公式　79
接線　88
　——の方程式　88
絶対値　15
接点　88
漸近線　51, 99

索 引

双曲線 51, 99
増減表 93

タ行

対数 63, 65
　──関数 67
楕円 98
たすきがけ 10
単位円 71
タンジェント 68

値域 36
頂点（放物線の） 42

底（指数関数の） 61
　──（対数，対数関数の） 63, 67
　──の変換公式 66
定義域 36
定積分 96
展開 7, 11

導関数 89
動径 71

ナ行

2次関数 41
2次曲線 98
2次不等式 45
2次方程式 28
2重根号 18

2倍角の公式 80

ネイピア数 95

ハ行

発散する 83
半角の公式 80
繁分数 2
　──式 13
判別式 30

左側極限 84
微分可能 87, 89
微分係数 87
微分する 89

複素共役 28
複素数 27
不定形の極限 85
不定積分 94
不等式 25
負の角 71
負の無限大 83
部分分数分解 14
分数関数 51
分数式 12
分配法則 7
分母を払う 22

平均変化率 87
平行移動（グラフの） 42, 43

平方完成 29
平方根 15, 19

放物線 41, 100

マ行

右側極限 84

無限大 83
無理関数 54

ヤ行

有理化 17, 28
有理関数 51

余弦 68

ラ行

累乗 4
　──根 19, 20

連立不等式 49
連立方程式 24

ワ行

y切片 38
和を積になおす公式 79

著者略歴

小澤 善隆（おざわ よしたか）　1975年　日本大学大学院生産工学研究科建築工学専攻博士課程単位取得退学
　　　　　　　　　　　　　　　現　在　元 日本大学生産工学部准教授

永井 敦（ながい あつし）　1996年　東京大学大学院数理科学研究科数理科学専攻博士後期課程修了
　　　　　　　　　　　　　現　在　津田塾大学学芸学部情報科学科教授

藤田 育嗣（ふじた やすつぐ）　2003年　東北大学大学院理学研究科数学専攻博士課程後期修了
　　　　　　　　　　　　　　　現　在　日本大学生産工学部教授

武村 一雄（たけむら かずお）　2003年　大阪大学大学院基礎工学研究科情報数理系専攻博士後期課程修了
　　　　　　　　　　　　　　　現　在　日本大学理工学部准教授

基 礎 数 学　―式計算から微積の初歩まで―

2011年3月25日　第1版1刷発行
2020年3月10日　第1版6刷発行

検印省略

定価はカバーに表示してあります．

著作者代表　小澤 善隆
発　行　者　吉野 和浩
発　行　所　東京都千代田区四番町8-1
　　　　　　電　話　03-3262-9166
　　　　　　株式会社　裳華房
印　刷　所　中央印刷株式会社
製　本　所　株式会社　松岳社

一般社団法人 自然科学書協会会員

JCOPY 〈出版者著作権管理機構 委託出版物〉
本書の無断複製は著作権法上での例外を除き禁じられています．複製される場合は，そのつど事前に，出版者著作権管理機構（電話03-5244-5088，FAX 03-5244-5089，e-mail: info@jcopy.or.jp）の許諾を得てください．

ISBN 978-4-7853-1556-6

© 小澤善隆，永井 敦，藤田育嗣，武村一雄，2011　　Printed in Japan

「理工系の数理」シリーズ

線形代数	永井敏隆・永井　敦 共著	定価（本体2200円＋税）
微分積分＋微分方程式	川野・薩摩・四ツ谷 共著	定価（本体2700円＋税）
複素解析	谷口健二・時弘哲治 共著	定価（本体2200円＋税）
フーリエ解析＋偏微分方程式	藤原毅夫・栄 伸一郎 共著	定価（本体2500円＋税）
数値計算	柳田・中木・三村 共著	定価（本体2700円＋税）
確率・統計	岩佐・薩摩・林 共著	定価（本体2500円＋税）

書名	著者	定価
コア講義 線形代数	礒島・桂・間下・安田 著	定価（本体2200円＋税）
手を動かしてまなぶ 線形代数	藤岡　敦 著	定価（本体2500円＋税）
線形代数学入門 －平面上の1次変換と空間図形から－	桑村雅隆 著	定価（本体2400円＋税）
テキストブック 線形代数	佐藤隆夫 著	定価（本体2400円＋税）
入門講義 線形代数	足立俊明・山岸正和 共著	定価（本体2500円＋税）

書名	著者	定価
コア講義 微分積分	礒島・桂・間下・安田 著	定価（本体2300円＋税）
微分積分入門	桑村雅隆 著	定価（本体2400円＋税）
微分積分リアル入門 －イメージから理論へ－	髙橋秀慈 著	定価（本体2700円＋税）
数学シリーズ 微分積分学	難波　誠 著	定価（本体2800円＋税）
微分積分読本 －1変数－	小林昭七 著	定価（本体2300円＋税）
続 微分積分読本 －多変数－	小林昭七 著	定価（本体2300円＋税）

書名	著者	定価
微分方程式	長瀬道弘 著	定価（本体2300円＋税）
基礎解析学コース 微分方程式	矢野健太郎・石原　繁 共著	定価（本体1400円＋税）

書名	著者	定価
新統計入門	小寺平治 著	定価（本体1900円＋税）
データ科学の数理 統計学講義	稲垣・吉田・山根・地道 共著	定価（本体2100円＋税）
数学シリーズ 数理統計学（改訂版）	稲垣宣生 著	定価（本体3600円＋税）

書名	著者	定価
曲線と曲面（改訂版）－微分幾何的アプローチ－	梅原雅顕・山田光太郎 共著	定価（本体2900円＋税）
曲線と曲面の微分幾何（改訂版）	小林昭七 著	定価（本体2600円＋税）

裳華房ホームページ　https://www.shokabo.co.jp/